GENERAL PHYSICS LABORATORY EXPERIMENTS FOR INDUSTRY-COUPLED PROBLEM-BASED LEARNING

| 전기전자 · 광학 편 |

IC-PBL을 위한

일반물리학실험

정희준 지음

한양대학교 출판부

Deus benedicat tibi cunctis diebus ..

한양대학교는 설립자이신 작곡가 백남 김연준 박사님의 '사랑의 실천'이라는 건학정신을 기반으로 실사구시의 학문적 전통을 이어가고 있습니다.

PREFACE

서 문

본 실험 교재는 이공계 1학년 학생들이 공통적으로 이수하는 일반물리학실험의 전기전자, 광학 부분을 중심으로 하여 IC-PBL 수업의 준비를 위한 목적으로 제작되었습니다. 일반물리학실험과 더불어 이수하는 일반물리학 강좌를 통해서 실험에 관한 이론적인 내용들을 접할 수는 있겠지만 실험에서 주어진 상황을 심층적으로 이해하기 위해서는 보다 구체적인 실험관련 내용에 관한 설명이 필요하고, PBL 수업의 특성상 문제해결을 위한 전단계로서 기본적인 실험내용들에 대한 효율적인 선행학습과 이를 기반으로 한 주도적인 사고가 가능하기 위해서는 수업안내서 성격의 교재가 필요할 것입니다.

일반물리학실험 과목의 IC-PBL 수업형태로의 전환은 현재진행형이기 때문에 PBL 문제의 도입이 가능한 일부 종목들이 포함되었고 전반적으로 실험에 관한 내용설명을 보강하는 방향으로 교재작업이 이루어졌습니다. 향후 PBL 수업운영의 결과를 정리하고 분석한 내용을 바탕으로 수업의 효율성을 높이기 위한 방향으로 개정판이 제작될 예정입니다.

기본지식의 바탕위에 문제를 활용하여 학습자 스스로 해결하는 과정을 통해 학습하면서 문제해결능력, 창의적 사고력, 비판적 사고력 등을 키워나가는 학습자 중심의 PBL 수업에 있어서 본 교재를 바탕으로 실험에 대해 스스로 생각해볼 수 있고 비록 조그만 실험이라 하더라도 자신의 독창적인 아이디어로부터 만들어보고 의미를 찾을 수 있게 된다면 Faraday가 그랬던 것처럼 학생 여러분 스스로가 자신에 대한 교육자가 될 수 있을 것입니다.

그 동안 교재가 만들어지기까지 행정적으로 도와주신 과학기술융합대학과 다양한 조언을 해주신 ERICA IC-PBL 센터를 비롯하여 여러 분들에게 감사의 마음을 전하고자 하며, 특별히 저자로 하여금 여러 가지 영감과, 부족하지만 지금까지의 조그만 노력이라도 이끌어낼 수 있도록 도와주신 분에게 존경과 감사의 말씀을 올립니다.

2021년 5월 초

저자 씀

CONTENTS

차 례

1. 버니어 캘리퍼스 (Vernier Calipers)

물리학은 측정의 학문이다. 측정에 있어서 가장 기본적인 길이측정의 경우, 정밀도를 향상시켜 길이를 읽는 버니어 캘리퍼스의 측정원리를 살펴본다.

이 도구의 특징은 두 개의 상이한 길이측정자를 이용하여 정밀도를 원래의 눈금자에 비해 수 배 에서 수십 배까지 높일 수 있다는 점이다. 버니어 캘리퍼스는 1631년 프랑스의 수학자인 피에르 버니어(Pierre Vernier, 1580-1637)에 의해 발명되었다.
버니어 캘리퍼스의 각 부위의 명칭은 아래 그림과 같다.

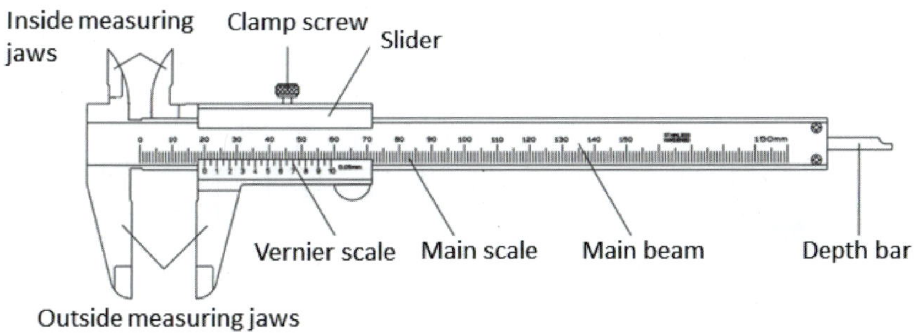

그림 1-1 | 버니어 캘리퍼스 주요부위 명칭.

버니어 캘리퍼스의 측정원리를 알아보기 위해 다음과 같은 main scale과 vernier scale의 경우를 살펴보자(그림 1-2).

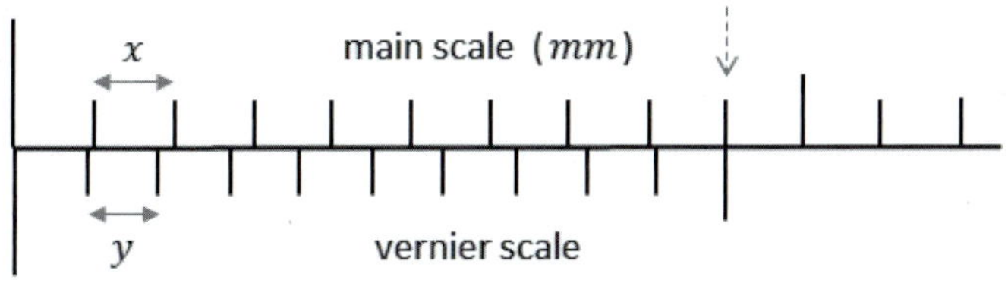

그림 1-2 | 버니어 캘리퍼스 눈금자.

일반적으로 두 눈금의 원점이 일치해있는 상태에서 [vernier scale 눈금 수의 정수배 -1]이 되는 main scale의 눈금위치에서 두 scale의 눈금이 일치하게끔 이루어져 있다. 그림에서는 이 지점이 점선 화살표로 표시되어 있다.

그림 1-2의 경우에서는 main scale의 9 눈금 길이와 vernier scale의 10 눈금 길이가 점선 화살표 지점에서 만나고 있다. 따라서 x를 main scale의 한 눈금 길이, y를 vernier scale의 한 눈금 길이라고 하면,

$$9x = 10y, \quad \Delta = x - y = x - \frac{9}{10}x = 0.1x = 0.1\,mm \tag{1-1}$$

이다. 여기서 Δ는 main scale의 한 눈금과 vernier scale의 한 눈금의 차이로서 버니어 캘리퍼스의 측정 정밀도를 결정하는 요소이고 버니어 상수 (vernier constant)라고 부른다.

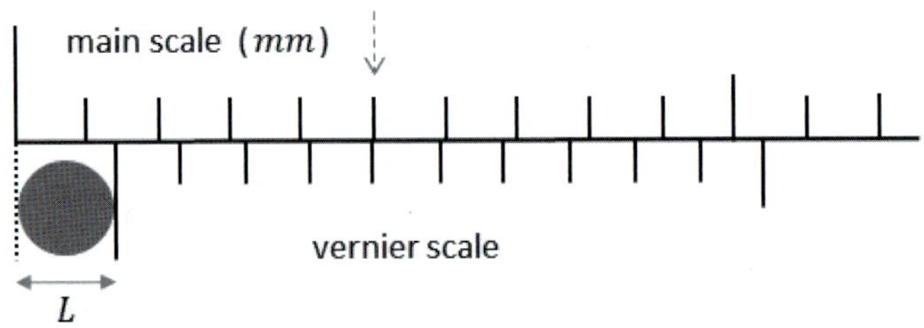

그림 1-3 | 버니어 캘리퍼스 측정 사례 1.

그림 1-3과 같이 버니어 캘리퍼스로 어떤 물체의 두께 L을 측정한다고 하자. 눈대중으로 본다면 vernier scale의 첫 번째 눈금이 이동한 위치를 보아 대략적으로 $1.3 \sim 1.4\,mm$ 정도라는 것을 알 수 있다.

이제 vernier scale을 이용하여 보다 정확하게 측정해보자. vernier scale의 첫 번째 눈금의 위치, 즉 측정하는 길이 L은 위 그림에서

$$L = 5x - 4y = 5x - 4 \cdot \frac{9}{10}x = 1.4x = 1.4\,mm \tag{1-2}$$

이다. 이것은 vernier scale을 이용하지 않고 main scale의 눈금만으로 대략적으로 판단한 수치보다 더 정확하게 $1.4\,mm$라는 측정결과를 얻어낸 것이다.

수식 1-2를 더 살펴보면, 측정길이 L은 $1.0\,mm$ + 4Δ (vernier scale의 영점 눈금이 main scale $1.0\,mm$ 위치로부터 오른쪽으로 4Δ 만큼 밀렸으므로)에 해당하여

$$L = 1\,mm + 4\Delta = 1\,mm + 4 \times 0.1\,mm = 1.4\,mm \tag{1-3}$$

임을 알 수 있다. 식 1-2와 1-3은 내용상 동일한 의미를 담고 있다.

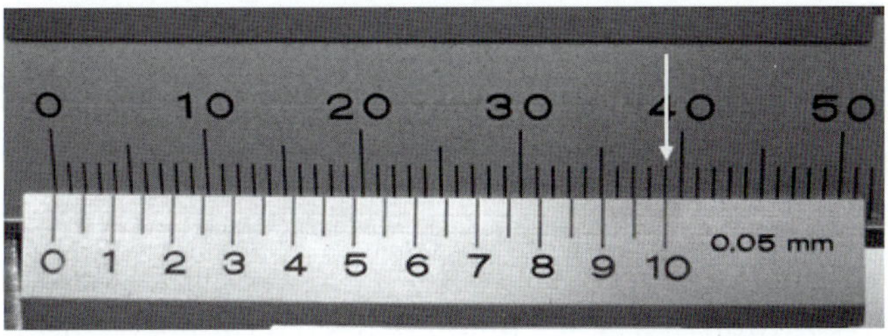

그림 1-4 | 버니어 캘리퍼스 측정 사례 2.

두 번째 버니어 캘리퍼스로서 그림 1-4를 살펴보자. 위 캘리퍼스의 경우는 vernier scale의 20 눈금이 main scale의 39 눈금과 같다. 즉,

$$39\,x = 20\,y, \quad y = \frac{39}{20}\,mm = 1.95\,mm \tag{1-4}$$

이 경우의 버니어 상수는 main scale 두 눈금 당 vernier scale 한 눈금의 차이가 두 scale간의 미세한 변위차 Δ를 나타내므로

$$\Delta = 2x - y = 2\,mm - 1.95\,mm = 0.05\,mm \tag{1-5}$$

이다. 이러한 사실을 염두에 두고 다음과 같은 길이 측정에서의 측정값을 읽어보자.

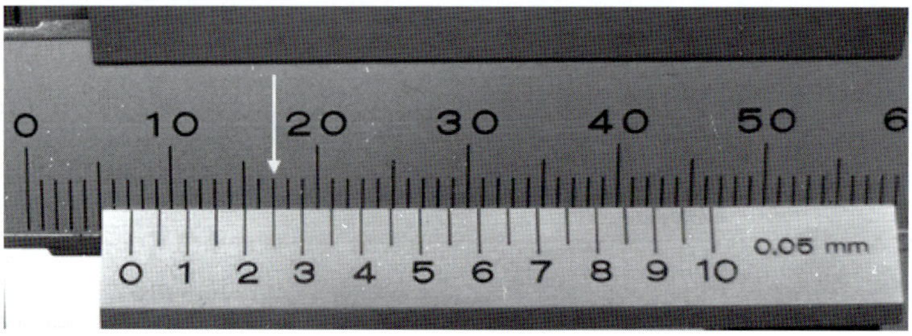

그림 1-5 | 버니어 캘리퍼스 측정 사례 3.

위 그림에서 두 scale이 만나는 위치는 $x = 17\,mm$인 곳이다. 따라서

$$L = 17.0\,mm - 5\,y = 17.0\ mm - 5 \times 1.95\,mm = 7.25\,mm \tag{1-6}$$

또는

$$L = 7.0\,mm + 5\,\Delta = 7.0\ mm + 5 \times 0.05\,mm = 7.25\,mm \tag{1-7}$$

이다.

과제용 질문

아래와 같은 버니어 캘리퍼스가 있다. 버니어 상수를 구하고, 두 번째 그림에서 나타난 측정 길이 L을 구하시오.

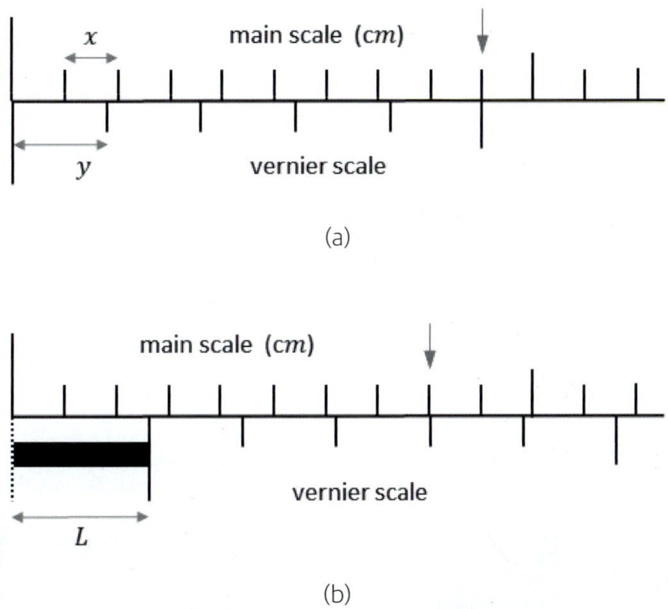

그림 1-6 | 버니어 캘리퍼스 측정 사례 4.

풀이

$9x = 5y, \ \ y = \frac{9}{5}\,cm = 1.8\,cm \quad \rightarrow \quad \Delta = 2x - y = 2.0\,cm - 1.8\,cm = 0.2\,cm$

$\therefore \ L = 2.0\,cm + 3\Delta = 2.6\,cm$

2. 측정 장비

1 멀티미터

멀티미터는 실험실에서 사용되는 가장 기본적인 장비중의 하나이다. 전압, 전류, 저항 등의 여러 가지 용량들을 측정할 수 있기 때문에 멀티미터라고 불린다. 기종에 따라 트랜지스터의 기본적인 특성이나 온도 등을 측정할 수 있는 멀티미터들도 있다.

그림 2-1 | 멀티미터.

그림 2-1은 필자가 사용하는 멀티미터의 일부 기종을 보여주는 그림이다. 사용방법은 직관적으로 알 수 있도록 멀티미터 전면에 표시가 되어 있는데, 회전형 스위치에 의해

전압, 전류, 저항 등의 측정위치에 눈금표시를 위치시키고 적절한 측정영역을 선택하면 된다. 교류의 경우 RMS값이 측정된다. RMS값에 대해서는 'RLC 교류회로의 특성' 편을 참고하기 바란다. 전류측정 부분을 보면 μA, mA, A 등으로 측정영역이 구분되어 있는데, 예를 들면 $5mA$ 값을 측정한다면 mA, A 등을 선택할 수 있지만 μA로 놓고 측정하면 overload가 뜨게 되고 측정값에 따라 기기가 파손될 수도 있으므로 측정영역의 선택에 있어서 주의를 기울인다. 미지의 값을 측정할 때는 안전하게 가장 큰 단위부터 낮은 단위로 줄여나가면서 측정한다.

멀티미터의 하단부를 보면 ground 또는 signal-low에 해당하는 COM단자(검은색 연결단자)는 공통이지만 전압, 전류 또는 저항 등의 측정대상에 따라 signal-high에 해당하는 연결선의 삽입위치(빨간색 단자)는 달라진다.

또 다른 주의할 점은 전압측정의 경우 멀티미터의 입력저항은 매우 큰 상태이지만 전류측정을 선택하면 입력저항이 매우 낮은 상태가 되기 때문에 전류측정모드로 놓고 전압을 측정할 경우 기기가 파손될 수 있다. 그림 2-2는 두 개의 저항을 이용한 voltage divider 회로이다. 저항 R_2에 걸린 전압을 멀티미터의 전압측정모드로 측정할 경우 측정 대상인 R_2에 평행하게 연결하여 측정을 한다. 전압측정모드일 때는 멀티미터의 입력저항이 매우 크기 때문에 멀티미터 쪽으로 흘러가는 전류는 거의 0에 가깝다. 따라서 측정되는 R_2의 전압은 다음과 같다.

$$V(R_2) = IR_2 = \frac{V}{R_1 + R_2} R_2 = \frac{R_2}{R_1 + R_2} V \tag{2-1}$$

그림 2-2에서는 $V = 3\,V$, $R_1 = 1\,k\Omega$, $R_2 = 2\,k\Omega$ 이라면 $V(R_2) = 2\,V$가 측정된다.

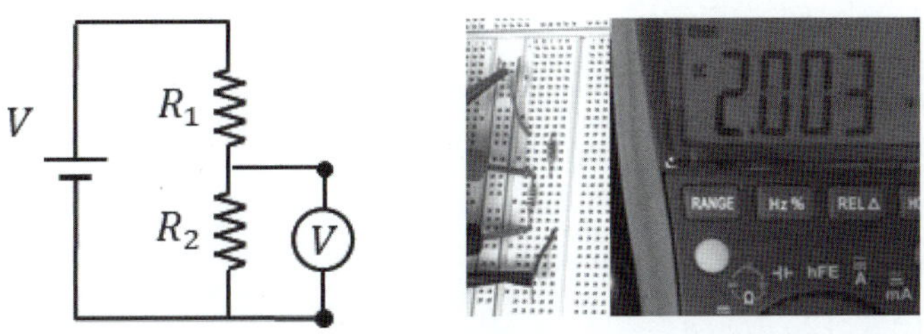

그림 2-2 | 멀티미터를 이용한 전압측정.

한편 멀미미터로 전류를 측정하는 경우는 그림 2-3과 같이 전류가 흐르는 회로에 직렬로 연결하게 된다. 멀티미터를 전류측정모드로 설정하면 회로에 흐르는 전류의 변화가 최소화되도록 멀티미터기의 입력저항은 매우 작아지게 되며 전류를 측정하게 된다. 그림 2-3에서는 $V=3\,V$, $R_1=1\,k\Omega$ 인 경우 회로를 흐르는 전류는 $3\,mA$가 될 것이다.

실험이 완료되면 반드시 멀티미터의 전원을 꺼서 불필요한 배터리의 방전을 방지한다.

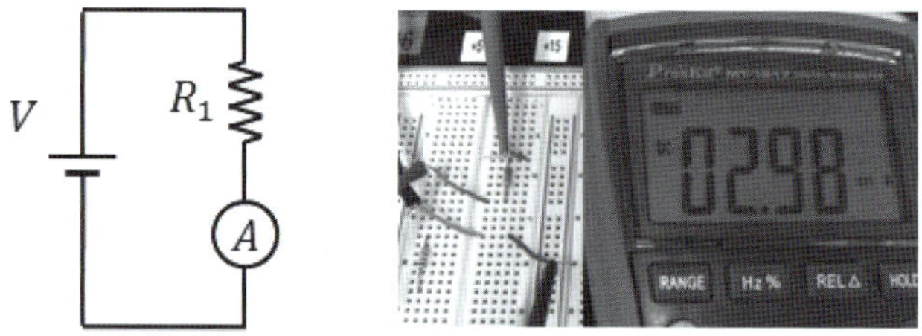

그림 2-3 | 멀티미터를 이용한 전류측정.

2 함수발생기

함수발생기는 sine, square, triangle, sawtooth 등의 다양한 파형의 전압을 만들어 내는 장비이다. function generator, signal generator, waveform generator 등의 영문 이름으로 표현된다. 일반물리학실험실에 도입된 함수발생기는 Tektronix AFG1022 모델이다. 이 장비의 기본적인 사용방법과 특징들에 대해 살펴본다.

기본 사양

channel : 2

bandwidth : $25\,MHz$

sampling rate : $125\,MS/s$

voltage resolution : 14 bit

amplitude : $2\,mV_{PP} - 20\,V_{PP}$

Display : color TFT LCD

AFG1022는 독립적으로 작동하는 두 개의 출력채널을 가지고 있다. 동일한 주기의 두 채널 신호 간에 상대적인 위상차를 만들어내는 것도 가능하다. 정현파 신호의 경우 $25\,MHz$ 까지의 주파수 신호를 제공한다.

이 장비는 프로세서에서 디지털 방식으로 파형신호를 만들어내고 일정한 시간차를 가지면서 하나씩 전압신호를 출력하여 파형을 형성하게 된다. $125\,MS/s$의 sampling rate는 1초에 최대 125×10^6 번만큼의 출력 포인트를 만들어 낸다는 의미이므로 출력 신호사이의 시간간격은 최소 $8\,ns$가 된다. 예를 들어 그림 2-4와 같은 파형을 만들어낸다고 할 경우 $125\,MS/s$의 sampling rate에서라면 sine 파의 한 주기가 30 point로 이루어져 있으므로 주기 T는 $0.24\,\mu s$가 된다. 따라서 이 신호의 주파수는 $4.17\,MHz$ 이다.

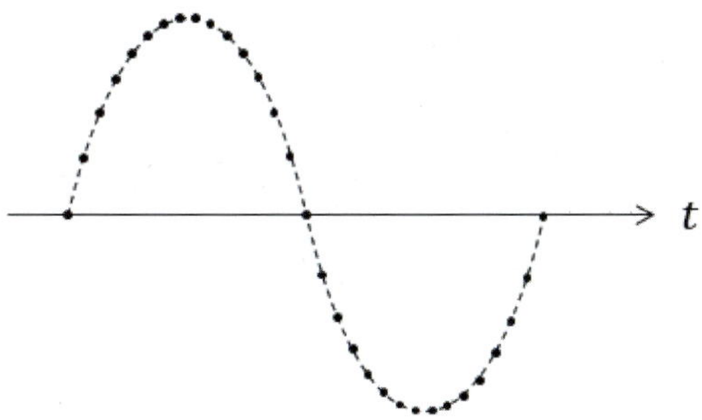

그림 2-4 | 함수발생기의 신호출력.

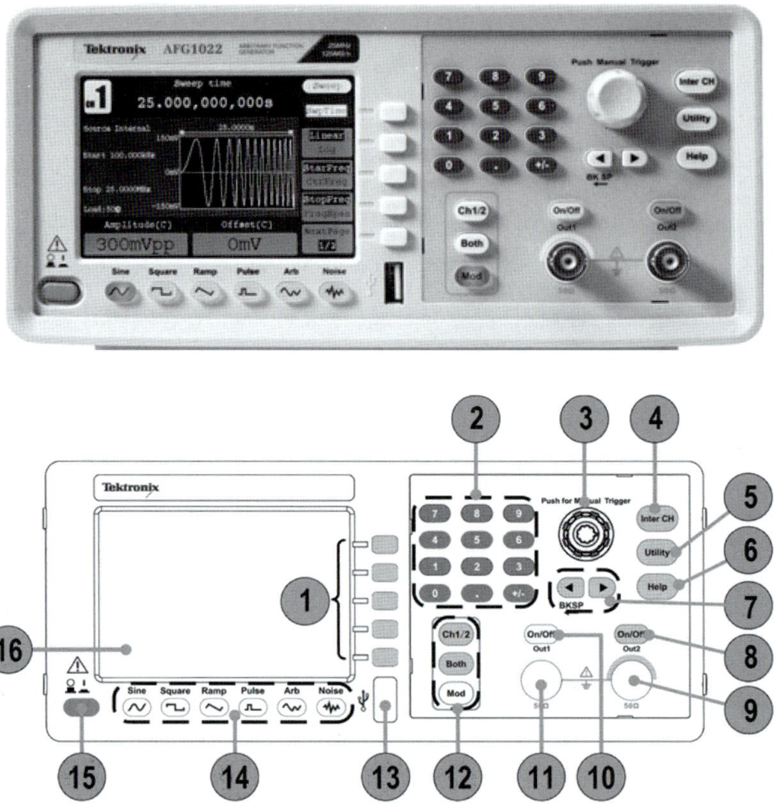

그림 2-5 | AFG1022 함수발생기 전면부 모습.

1. 베젤 버튼
2. 수자 키패드
3. 다기능 회전 버튼
4. 채널설정조건 복사 버튼
5. Utility 버튼
6. Help 버튼
7. 기능선택용 화살표 버튼
8. 채널2 출력 ON/OFF 버튼
9. 채널2 출력단자
10. 채널1 출력 ON/OFF 버튼
11. 채널1 출력단자
12. 채널 1, 2 화면선택 버튼
13. USB 연결단자
14. 파형선택 버튼
15. 전원 버튼
16. 스크린

현대적인 함수발생기는 프로세서에서 제공하는 digital 신호를 함수발생기의 출력단에서 analog 신호로 변환하여 출력전압으로 만들어내는데, 이 때 사용하는 digital-to-analog converter(DAC)의 resolution이 AFG1022의 경우 14 bit이다. 출력전압의 진폭을 2^{14} 개로 잘라서 표현할 수 있다는 것인데, 출력전압의 진폭이 최대 20 V_{PP}라면

2^{14} 단위로 자를 경우 한 단위가 $1.2mV$가 된다. 즉, $1.2mV$의 전압정밀도를 가지고 출력전압을 만들어낸다는 의미이다. 대부분의 상용화된 함수발생기가 14 bit 정밀도를 가지고 있는데, 그 이유는 현실적으로 실험환경에서 마주하게 되는 잡음신호의 전압 진폭이 $1mV$ 내외이기 때문이다.

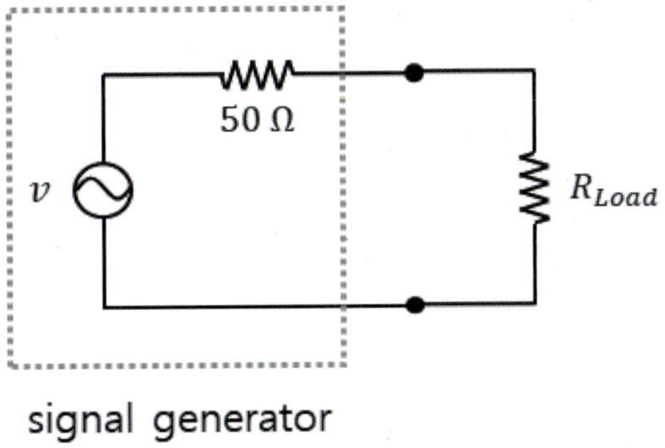

그림 2-6 | 함수발생기의 출력단 등가회로.

AFG1022의 전원을 처음 켜고 오실로스코프에 연결하면 놀랍게도 함수발생기 화면에서는 $1.0\ V_{PP}$의 sine 출력신호임에도 불구하고 오실로스코프에는 $2.0\ V_{PP}$의 sine 전압이 관찰된다. 그 이유는 AFG1022의 default 설정이 $50\,\Omega$의 입력저항을 가진 부하가 연결될 것으로 가정했기 때문이다. 그림 2-6과 같이 함수발생기의 출력단은 $50\,\Omega$의 출력단 저항을 가지고 있다. 여기에 $50\,\Omega$ 짜리 load 저항이 연결되면 voltage dividing 효과에 의해 함수발생기로부터 출력되는 전압의 절반만이 R_{Load}에 걸릴 것이다. 그러나 오실로스코프를 비롯한 대부분의 전압측정 기기들의 입력저항(R_{Load})은 수 $M\Omega$ 이상이기 때문에 함수발생기에서 생성한 전압 크기의 대부분이 R_{Load}로 전달된다. 따라서 AFG1022에 'High Z' (high 임피던스) 출력설정을 해야 한다. 그 과정은 우측의 Utility 버튼을 누른 후 그림 2-7에서와 같이 Output setup을 선택하여 CH1과 CH2의 Load를 'High Z'로 설정한다.

$50\,\Omega$ 입력저항을 가지는 기기들의 경우 함수발생기 출력단의 $50\,\Omega$ 출력 저항값에 대해 전력전달에 있어서 impedance matching을 시키기 위한 목적으로 $50\,\Omega$ 입력저항으로 만들어진 경우가 있다.

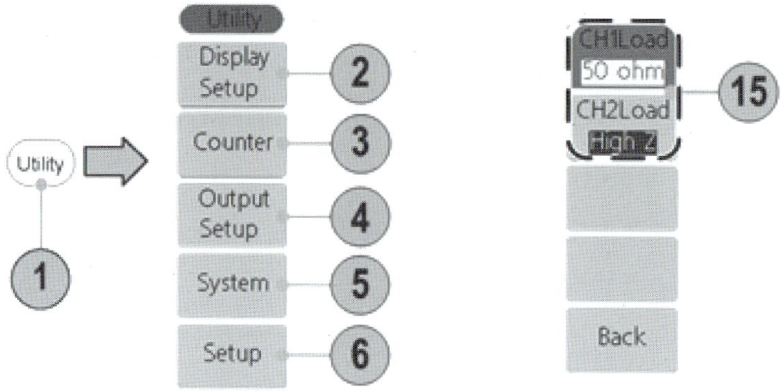

(a) (b)

그림 2-7 | AFG1022 함수발생기의 Load 저항 설정.

대부분의 경우 이 장비의 출력전압을 이용하는 장치들은 High Z 입력저항을 가지기 때문에 AFG1022를 사용할 때마다 이 설정을 계속 유지해야 하는데, 그러기 위해서 다음 과정을 거친다. Utility 버튼을 누른 후 그림 2-8에서와 같이 System을 선택하여 PowerOn에서 'Last'로 설정한다. 그러면 AFG1022를 켤 때마다 지난 번 설정해놓은 상태를 계속 유지하게 된다.

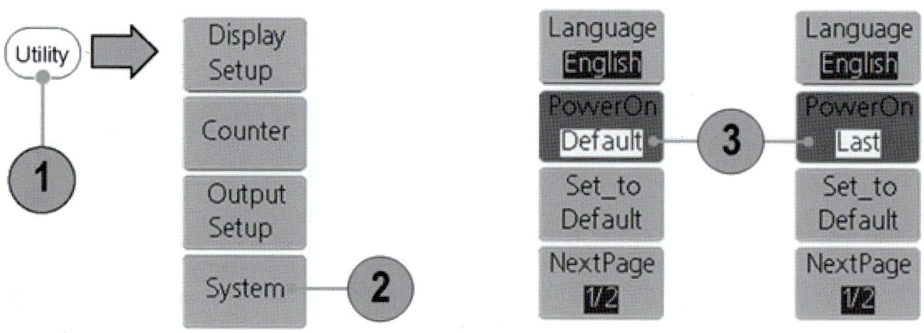

(a) (b)

그림 2-8 | AFG1022 함수발생기의 PowerOn 조건 설정.

AFG1022의 기본적인 작동법을 알아보기 위해 1번 출력채널에 $f = 5\,kHz$, $V = 2\,V_{PP}$, $offset = 1\,V$인 출력전압을 설정해보고 이것을 오실로스코프로 측정해보자. 그림 2-5와 그림 2-9를 참조한다.

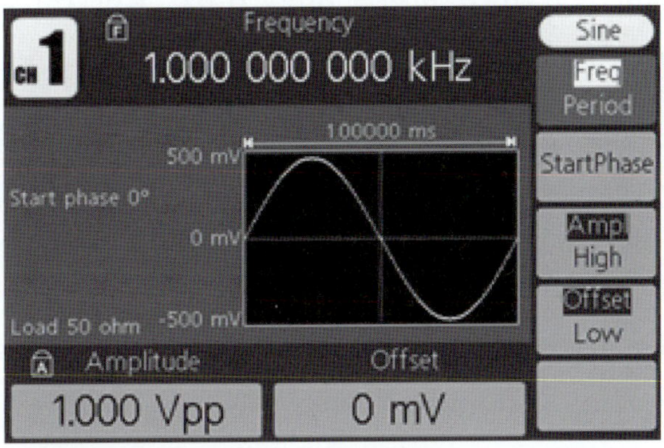

그림 2-9 | AFG1022 함수발생기의 설정 화면.

1. 그림 2-5의 기기 전면부에서 12번 버튼을 이용해 1번 채널을 선택한다.
2. frequency 관련 베젤버튼을 누른다. 깜빡이는 커서가 주파수를 나타내게 되는데, 다기능 회전버튼을 돌려 원하는 주파수 $5\,kHz$를 설정한다.
3. amplitude 관련 베젤버튼을 누른다. 깜빡이는 커서가 진폭을 나타내게 되는데, 다기능 회전버튼을 돌려 원하는 진폭 $2\,V_{PP}$를 설정한다.
4. offset 관련 베젤버튼을 누른다. 깜빡이는 커서가 offset을 나타내게 되는데, 다기능 회전버튼을 돌려 원하는 offset $1\,V$를 설정한다.

함수발생기의 출력을 오실로스코프로 관찰해보면 그림 2-10과 같이 측정된다.

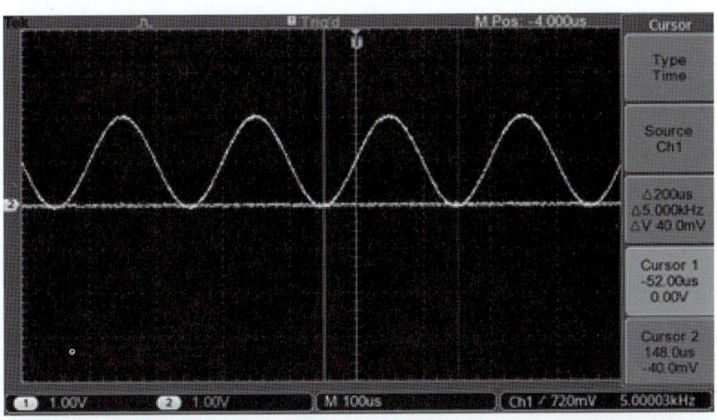

그림 2-10 | $f = 5\,kHz,\ \ V = 2\,V_{PP},\ offset = 1\,V$인 출력전압의 관찰결과.

AFG1022는 두 개의 출력채널을 가지고 있다. 실험을 하다보면 두 개의 동일한 sine 파에 대해 상대적인 위상차를 만들어야 할 필요성이 발생하는데, 다음과 같은 설정과정을 거친다.

1. 채널1과 채널2 모두 동일한 주파수로 설정한다. 주파수가 다를 경우 위상차의 의미가 없다.
2. 그림 2-5의 12번 버튼에서 Both를 누르면 그림 2-11과 같이 두 개 채널의 설정조건을 한 화면에서 볼 수 있다. 2번 채널의 phase를 90도로 설정한다.
3. 그림 2-5에서 8번과 10번 버튼을 눌러 두 신호를 모두 출력시킨다. 이것을 오실로스코프로 관찰하면 그림 2-12와 같다.

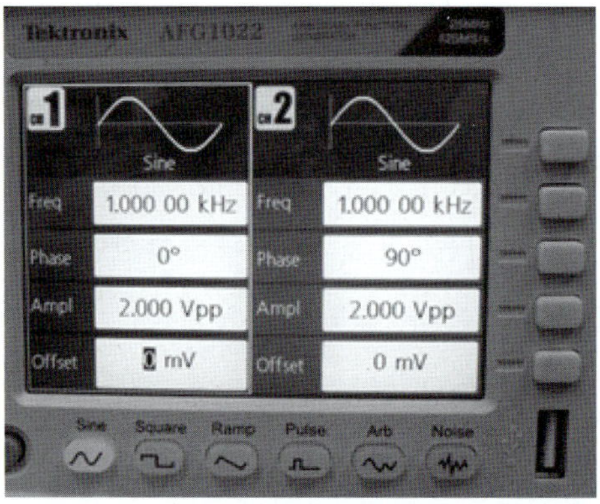

그림 2-11 | 2개 채널의 설정 화면 모습.

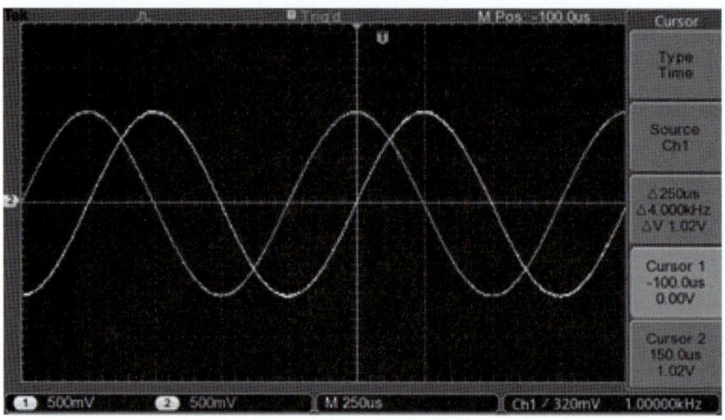

그림 2-12 | 위상차가 90도인 두 개의 sine 파 측정결과.

3 오실로스코프

자연계에서 발생하는 소리, 진동, 압력, 빛, 열 등의 물리적인 변화량들은 센서(sensor) 또는 transducer라는 장치를 통해서 전기적인 신호(특히 전압)로 변환될 수 있고 이러한 전압 신호들은 전압측정장치의 디스플레이를 통해서 시각적으로 나타내어진다. 오실로스코프는 이러한 측정전압 디스플레이 장비들 중의 하나로서 측정량의 시간에 대한 변화를 관찰하는데 특화된 장비이다.

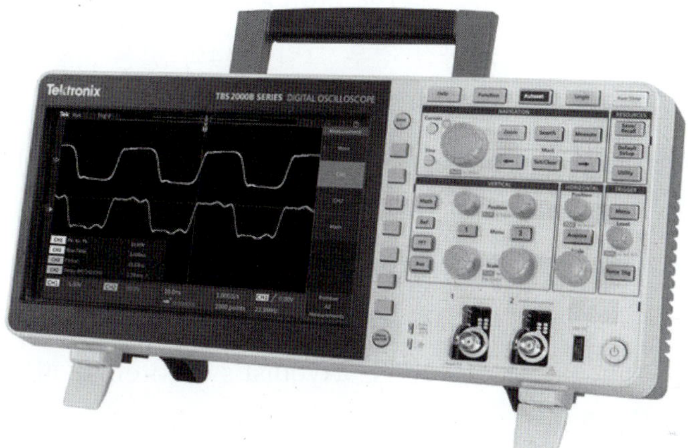

그림 2-13 | Tektronix TBS2000B digital storage oscilloscope.

일반물리학실험실에 도입된 오실로스코프는 Tektronix TBS2072B 모델로 기본적인 사양은 다음과 같다.

- 70 MHz의 bandwidth
- 2개의 입력채널
- 2 GS/s sample rate
- 채널별 5 M record length
- 32 automated measurements
- FFT analysis for waveform spectrum analysis
- 9인치 wide screen color display 화면

TBS2072B는 70 MHz 영역까지의 신호를 측정하여 표현할 수 있고, 여기서 $2\,GS/s$는 2 Giga sampling per second의 의미로서 1초 동안에 2,000,000,000 번의 데이터를 읽어 들인다는 의미이다. sampling이 된 데이터는 파형을 나타내기 위해 기억장치인 메모리에 저장이 되기 때문에 digital storage oscilloscope라는 명칭을 가지고 있다.

오실로스코프의 메모리는 유한한 크기를 가지고 있기 때문에 저장할 수 있는 데이터의 한계가 존재한다. 이것과 관련한 수치가 record length인데 이것은 'sampling rate × 측정시간'으로 정의된다. TBS2072B의 record length가 $5\,M$이므로 최대 sampling rate인 $2\,GS/s$를 사용할 경우 $2.5\,ms$ 동안 연속적인 데이터를 측정하여 저장할 수 있다는 의미이다. 충분히 긴 시간의 신호 이벤트를 하나의 측정 sequence로 관찰하기 위해서는 sampling rate가 작을수록 유리할 것이다. 그러나 측정하고자 하는 신호의 주파수에 비해 sampling rate가 작아질 경우 그림 2-14와 같은 aliasing 현상이 발생할 수 있다. 일정한 시간주기로 데이터를 측정하는 상황에서 측정기기는 실선으로 표현된 원래의 신호가 아닌 점선과 같은 측정결과를 얻을 것이다. 즉, 원래신호의 1/6의 주파수를 가진 신호로 기기는 인식한다. 이런 현상은 측정하고자 하는 신호의 주파수보다 sampling rate가 지나치게 낮을 때 발생하기 때문에 sampling rate의 설정 시 주의가 필요하다. 보통은 aliasing을 방지하기 위해 측정하고자 하는 신호의 최대 주파수보다 두 배 이상의 sampling rate를 선택한다는 Nyquist's theorem을 따라서 sampling 조건이 설정되는데, 실질적으로는 5배 이상의 sampling rate가 적용된다.

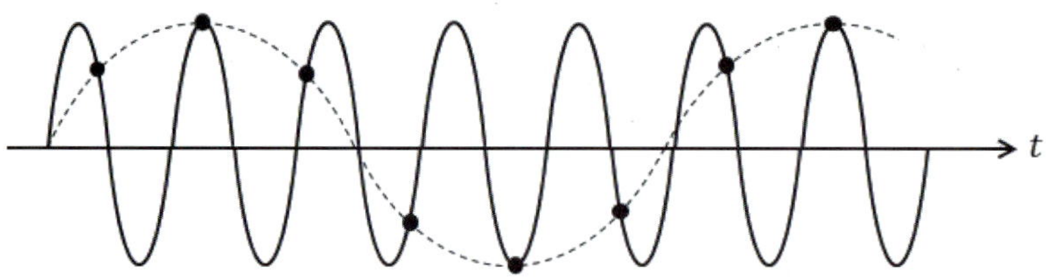

그림 2-14 | 신호 측정 시 발생할 수 있는 aliasing 현상.

FFT는 Fast Fourier Transformation의 의미로서, 디지털 오실로스코프의 프로세서에서 시간영역의 정보를 FFT 알고리즘을 통해 주파수 영역의 정보로 변환하여 보여줄 수 있다는 의미이다. 그림 2-15를 참조하여 보자. 세 가지 주파수 신호에서 첫 번째 low frequency 신호는 가장 큰 진폭을 가지고 있고 두 번째 신호의 주파수는 첫 번 째보다 크지만 신호의 진폭이 작다. 세 번째 신호의 주파수는 가장 크지만 진폭은 가장 작은 신호이다. 이러한 교류 신호들의 정보는 시간 영역(time domain), 혹은 주파수 영역(frequency domain)에서 그림들과 같이 동등하게 기술될 수 있다.

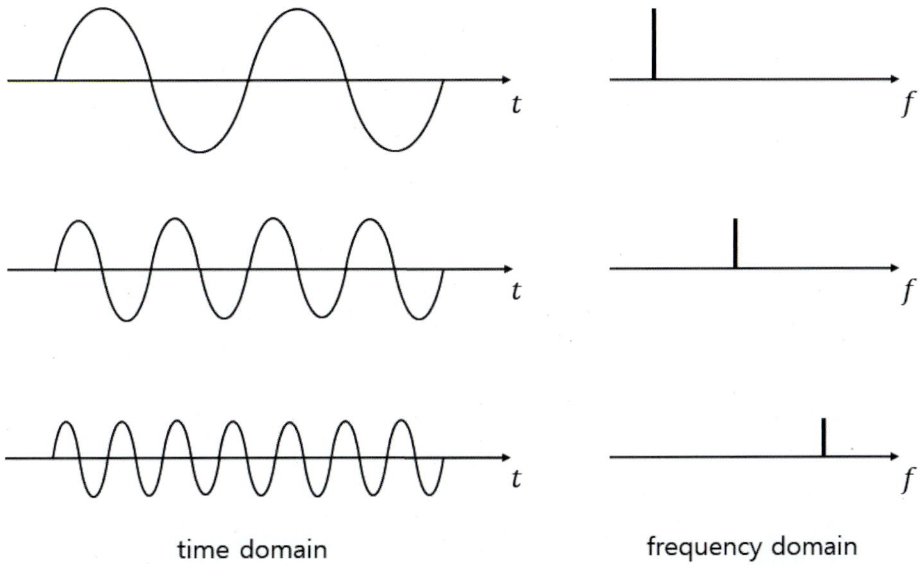

그림 2-15 | time domain과 frequency domain에서의 신호 표현방법.

이렇듯 시간 영역에서의 표현과 주파수 영역에서의 표현은 fourier transformation을 통해서 연결되어 있고 FFT는 디지털 방식의 신호처리에서 시간 영역에서의 표현과 주파수 영역에서의 표현을 특수한 변환 알고리즘을 통해 빠르게 변환하여 표현할 수 있는 방법을 의미하는 용어이다.

TBS2072B 오실로스코프는 디지털 오실로스코프의 장점을 살려 내부 프로세서에 의해 시간 영역의 신호를 표현하는 오실로스코프 본연의 기능 이외에 FFT를 통해 주파수 영역에서의 정보로도 신호를 표현할 수 있다.

다음은 TBS2072B 오실로스코프의 기본적인 기능들과 작동법에 대해 살펴본다. 그림 2-16은 오실로스코프의 전면 우측 기능조작 패널의 모습이다.

vertical control

채널1과 채널2의 수직축의 눈금 scale 설정, 입력신호들의 수직축 상의 위치조절, 측정조간 등을 설정한다. position 다이얼은 신호를 상, 하로 이동시키고 scale 다이얼은 수직축 한 눈금 당 전압의 크기를 조정한다. 두 다이얼 사이의 채널 번호를 누르면 화면 우측에 각 채널의 측정조건을 설정할 수 있는데, 예를 들면 1을 누를 경우 그림 2-16의 왼쪽에서 보이는 것과 같은 채널1에 대한 측정조건의 메뉴들이 나타난다. 메뉴의 조건들을 바꾸기 위해서는 메뉴 옆의 베젤 버튼을 누르고 Navigation 다이얼을 돌려 원하는 메뉴의 조건을 선택한 후 Navigation 다이얼을 눌러주면 설정이 이루어진다.

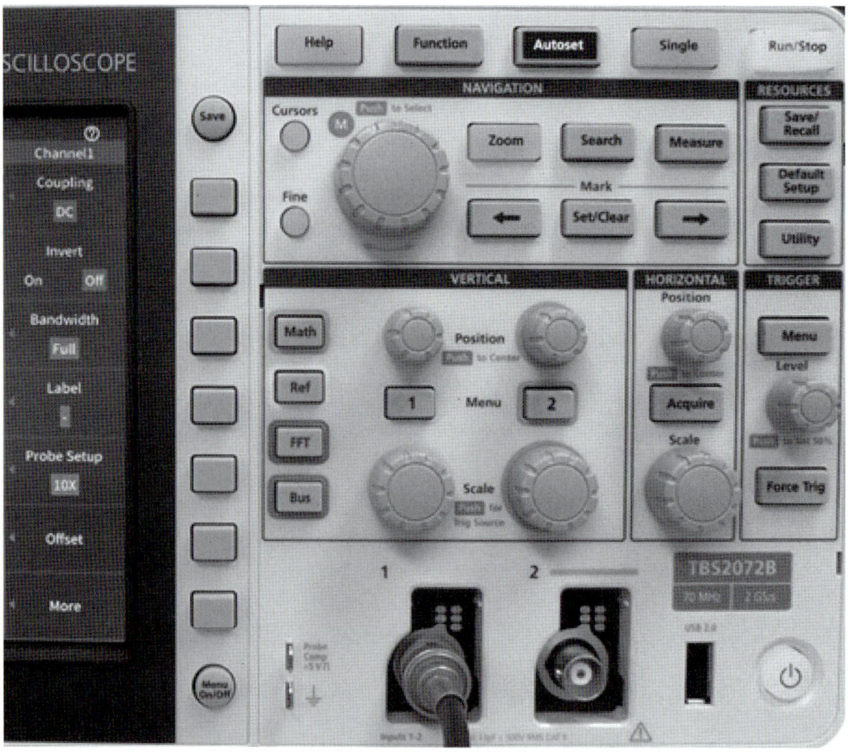

그림 2-16 | TBS2072B의 우측 기능조작 패널.

오실로스코프를 처음 연결하여 측정을 해보면 함수발생기에서 2 V_{PP} sine 파가 오실로스코프에는 20 V_{PP}의 신호로 나타난다. 그 이유는 10X 측정프로브를 사용하는 것으로 default 설정이 되어있기 때문이다. 10X 측정프로브는 그림 2-17에 나타나있는데, 가정에 공급되는 RMS 220 V_{AC} 전압의 경우 610 V_{PP}이기 때문에 오실로스코프의 측정범위를 벗어나게 된다. 따라서 이런 고전압을 측정하기 위해 측정전압의 10배 감쇄기능을 가진 10X 프로브를 사용하면 오실로스코프로는 61 V_{PP}의 전압이 입력된다. 따라서 이것을 원래의 값인 610 V_{PP}로 표시하기 위해서는 10X 프로브를 통한 측정값에 수자 10을 곱해주어야 한다. 이것이 그림 2-16에서의 'Probe Setup'이다. 일반적인 실험실에서의 사용전압은 보통 $\pm 20\ V$ 이하이므로 10X 프로브를 사용할 필요는 없다. 따라서 TBS2072B의 10X 설정을 1X로 바꾸는 과정을 살펴보자.

그림 2-17 | 10X 패시브 프로브

먼저 채널1의 Menu를 누른다. 그림 2-18(a)의 채널메뉴가 스크린에 뜨면 'Probe Setup' 베젤버튼을 누른다. 그림 2-18(b)에서처럼 Navigation 다이얼을 돌려 'Set to 1X'를 선택하고 Navigation 다이얼을 누른다. 그림 2-18(c)와 같이 설정이 변경될 것이다. 이후 'Menu On/off'를 눌러 메뉴 팝업을 해제한다.

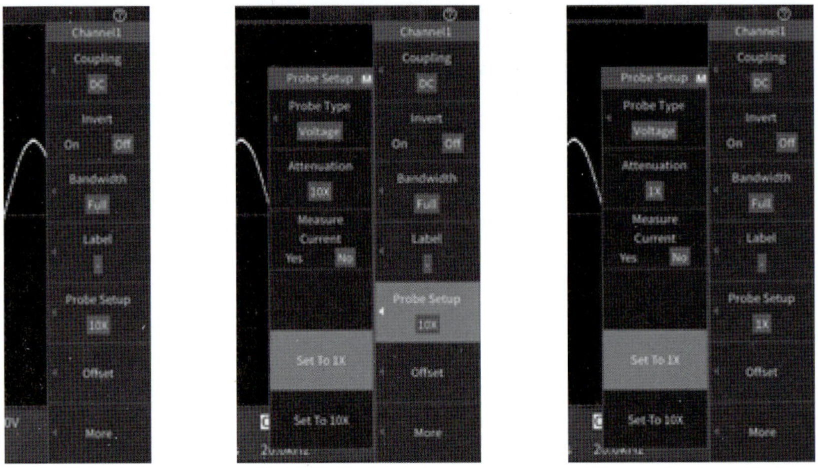

그림 2-18 | Probe Setup 과정.

다른 설정값들을 변경할 때도 이와 유사한 방식으로 진행한다.

horizontal control

이 부분은 가로 시간축의 눈금 scale 변경, 화면에 나타난 신호를 좌우로 이동시키는 기능이 있다. 눈금 scale을 변경하면 측정되는 신호를 시간축에 대해 넓게 펼쳐서 보거나 촘촘하게 모아서 볼 수가 있다.

Trigger

오실로스코프를 사용하다보면 종종 그림 2-19(a)와 같이 측정된 신호가 좌우로 흔들리는 듯한 화면의 모습을 보는 경우가 있다. 이럴 때는 Trigger의 'Level' 다이얼에 의해 화면 우측의 조그만 화살표가 측정하고자 하는 신호의 크기 범위 이내에 들어오게 하면 그림 2-19(b) 같이 안정된 화면을 볼 수가 있다.

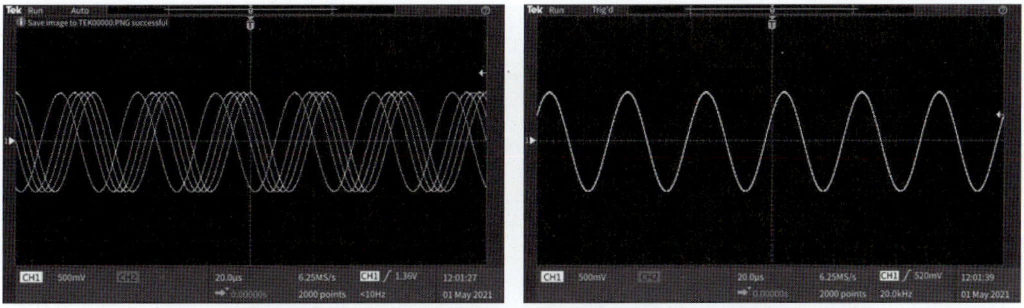

그림 2-19 | (a) 트리거가 안 된 신호와 (b) 트리거가 된 신호.

측정된 신호가 오실로스코프 화면에 표현되는 과정을 보면, 위와 같은 sine 파의 경우 우연히 가로축 시간 표시 영역의 길이가 측정신호 주기의 정수배가 될 경우 화면 맨 끝에 표시된 직후의 신호는 다시 화면 맨 앞의 신호로 이어져서 표시가 될 텐데, 표시되는 시간축의 길이가 신호 주기의 정수배가 아닐 경우 화면 왼쪽에서 시작되는 새로운 신호는 이전신호의 화면 왼쪽 값과는 달라질 것이다. 이것이 반복되어 겹쳐지면 그림 2-19(a)와 같은 양상으로 나타나게 된다. 따라서 오실로스코프는 반복적으로 측정되어 업데이트되는 신호를 표현할 때 화면 왼쪽에서 시작되는 값이 항상 같은 값과 같은 위상을 가지고 시작되도록 표현하면 그림 2-19(b)와 같은 안정된 신호의 모습을 얻을 수가 있고 이것을 Trigger 기능으로 설정한다. 그림 2-19(b)의 화면 우측 끝부분의 조그만 화살표의 세로축 위치가 바로 Trigger 되는 전압의 크기를 나타낸다.

FFT

디지털 오실로스코프의 데이터 프로세싱 기능중의 하나로서 앞서 설명한 frequency domain에서의 신호표현 방법인 FFT spectrum을 볼 수가 있는데, 그림 2-16에서 ‘FFT’ 버튼을 누르면 그림 2-20과 같은 frequency power spectrum을 얻을 수 있다.

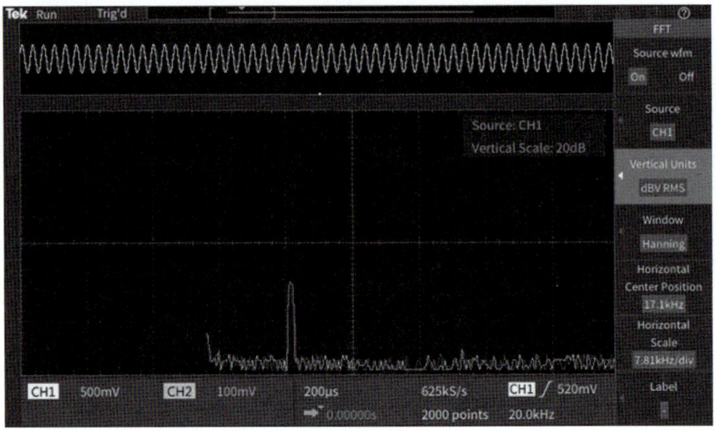

그림 2-20 | $20kHz$ sine 파 신호의 frequency power spectrum.

이상적으로는 그림 2-15와 같이 하나의 peak 같은 frequency 성분이 나와야 하지만 측정결과처럼 유한한 크기의 폭을 가진 신호로 나타나는 이유는 디지털 방식 특유의 discrete Fourier transformation 방법 때문이다.

마지막으로 그림 2-16에서 베젤 버튼 열의 맨 위에 'Save' 버튼이 있는데, 오실로스코프 전면의 USB 단자에 USB 메모리를 꽂은 후 'Save' 버튼을 누르면 측정 화면을 캡쳐한 그림이 메모리에 저장된다. 이 외의 다양한 기능들은 실험실에 비치된 매뉴얼을 참조하여 학습한다.

멀티미터 사용법

$V = 2\ V,\ R_1 = 1\,k\Omega,\ R_2 = 2.2\,k\Omega.$

1. 직렬연결회로

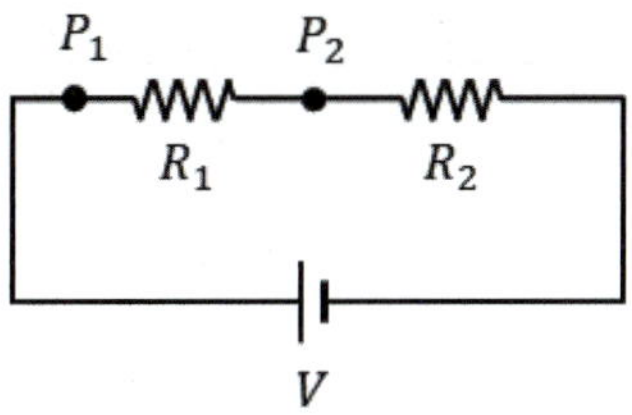

그림 2-21 | 직렬 저항연결 회로.

측정값	R_1	R_2	R_{sum}	$V(R_1)$	$V(R_2)$	I_1	I_2

$R_{sum} = R_1 + R_2$. (저항만 연결한 상태에서 $R_1 + R_2$ 양 끝단에서 측정한 저항값)

$V(R_1)$: R_1 양단에 걸리는 전압.

$V(R_2)$: R_2 양단에 걸리는 전압.

I_1 : P_1위치를 open 시키고 멀티미터를 전류계로 설정하여 측정한 전류.

I_2 : P_2위치를 open 시키고 멀티미터를 전류계로 설정하여 측정한 전류.

계산값	R_1	R_2	R_{sum}	I_1	I_2	I_{cal}

$R_{sum} = R_1 + R_2$. (계산값. R_1, R_2는 측정값)

$$I_1 = \frac{V(R_1)}{R_1},\ I_2 = \frac{V(R_2)}{R_2},\ I_{cal} = \frac{V}{R_1 + R_2}.$$

2. 병렬연결회로

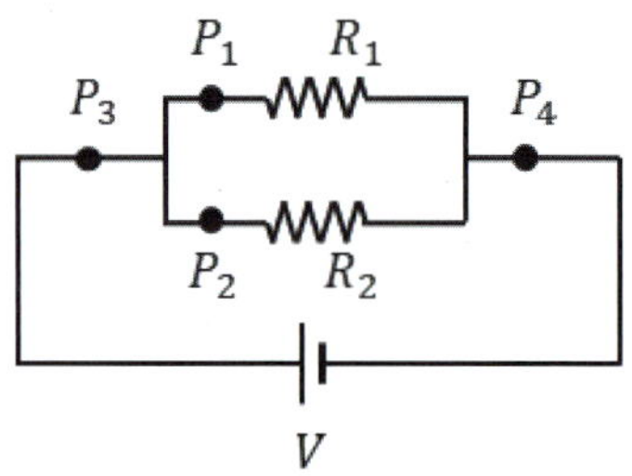

그림 2-22 | 병렬 저항연결 회로.

측정값	R_1	R_2	R_{sum}	$V(R_1)$	$V(R_2)$	I_1	I_2	I_3

$R_{sum} = \left(\frac{1}{R_1} + \frac{1}{R_2}\right)^{-1}$. ($P_3$와 P_4 사이의 멀티미터 저항 측정값)

$V(R_1)$: R_1 양단에 걸리는 전압.

I_1, I_2, I_3는 앞에서와 같이 측정.

계산값	R_1	R_2	R_{sum}	I_1	I_2	I_3	$I_1 + I_2$

$R_{sum} = \left(\frac{1}{R_1} + \frac{1}{R_2}\right)^{-1}$. (계산값. R_1, R_2는 측정값)

$I_1 = \frac{V(R_1)}{R_1}$, $I_2 = \frac{V(R_2)}{R_2}$, $I_3 = \frac{V}{R_{sum}}$.

오실로스코프 사용법

1. sine wave $(f = 1\,kHz)$

함수발생기

$V_{PP}\,(V)$	2	$f\,(Hz)$	1000

오실로스코프

Time/div	Volt/div	주기 $T\,(s)$

2. square wave $(f = 250\,Hz)$

함수발생기

$V_{PP}\,(V)$	2	$f\,(Hz)$	250

오실로스코프

Time/div	Volt/div	주기 $T\,(s)$

3. CRT의 기본 구조와 오실로스코프(Oscilloscope)의 원리

1 실험 목적

가장 대표적인 디스플레이 장치의 하나였던 CRT(cathode ray tube, 음극선관)의 구조를 알아보고 어떻게 작동되는지 살펴본다. CRT는 범용 측정기기의 하나인 아날로그 오실로스코프의 디스플레이 장치로도 사용되었고, 과거 텔레비전에서의 영상전달 장치이기도 하였다.

2 이론

1. 개요

프랑스 북서부, 영국과 바다를 사이에 둔 영국해협의 바로 아래에 있는 노르망디는 유럽을 소개하는 관광사진들 중에서 마치 코끼리 코를 연상시키는 해안절경으로 유명한 곳이며, 프랑스의 수도 파리에서 가장 가까운 바닷가이기도 하다. 2차 세계대전 후반부의 전세가 연합국 측으로 기울자 1944년 6월 6일, 연합국은 독일로의 진격을 위해 사상 최대의 상륙작전을 감행하였는데, 이것이 바로 유명한 노르망디 상륙작전이었다. 상륙을 위한 공격이 이루어졌던 노르망디 해안의 한 곳, 오마하에서는 가장 치열한 전투가 벌어졌다. 이 장면이 바로 영화 '라이언 일병 구하기 (1998)'에서의 초반부 해안전투장면이다. 이 장면들중에서 통신병이 팔뚝만한 무전기를 들고 무전연락을 하는 장면이 나오는데, 오늘날 우리가 알고 있는 전자회로에서의 증폭과 전기적 스위치 기능을 하는 트랜지스터는 1947년에야 구현이 되었다. 그 시대의 무전기 속에는 미세한 무선신호를 증폭하기 위한 어떤 것들이 들어 있었을까? 바로 진공관이었다. 진공관은 만들기에 따라 오늘날의 다이오드 기능을 하는 진공관 (2극관), 트랜지스터의 기능을 하는 진공관 (3극관) 등이 있다. 즉, 반도체만 아니었지 그 때 그 시절에도 증폭, 정류 등을 할 수 있는 전자부품들은 존재했었다.

2. 전자총

(산화방지를 위해) 진공과 같이 산소를 제거한 환경에서 금속을 가열하면 전자가 금속 외부로 방출되는데 이렇게 튀어나온 전자를 열전자라고 한다. 그리고 이런 현상을 Edison effect 또는 thermionic emission이라고 한다. 이렇게 튀어나온 전자에 전기장을 가해서 끌어당기게 되면 전자를 일정한 방향으로 이동시킬 수 있다.

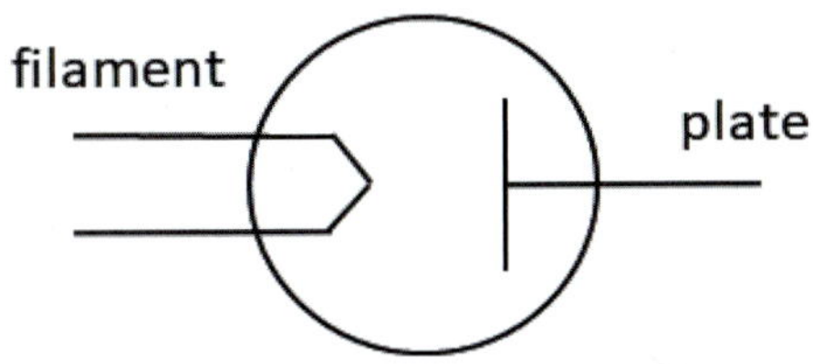

그림 3-1 | 2극 진공관의 모습.

위 그림에서 filament에 전압의 (-)극, plate에 (+)극을 연결하면 튀어나온 전자는 (-) 전하를 가지기 때문에 plate 쪽으로 이동하여 도달한다. 즉, filament와 plate가 연결된 폐회로에서는 전류가 흐르게 된다. 한편 filament와 plate 전압의 전극이 바뀌면 (-) 전하인 전자는 plate에 도달하지 못한다. 즉 전류가 생성되지 않는다. 이것이 기본적인 다이오드의 정류작용에 해당한다. 이러한 기본적인 진공관 구조는 1904년 영국의 플레밍(오른손 법칙을 만든 플레밍이 아니다)에 의해 개발되었다. (만약 진공이 아니고 어느 정도의 질소 기체 등이 관 내부에 있는 상태에서 전압을 걸었을 때 튀어나온 전자들은 어떤 변화를 겪게 될지 생각해보라.)

이보다 더 기초적인 전자방출 기구가 filament가 없는 구조의 Crookes tube이다. 가열방식이 아닌, 두 금속판 사이의 고전압에 의한 강한 전기장으로 전자가 방출되는 것을 cold emission이라고 한다. 전자와 X선의 발견이 모두 Crookes tube 형태의 장치를 가지고 이루어졌다.

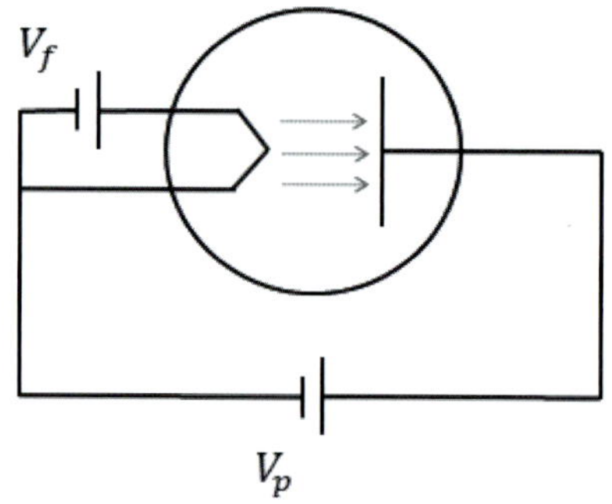

그림 3-2 | 2극 진공관의 작동회로.

그림 3-2는 2극 진공관을 작동시키기 위한 회로구성 상태이다. filament로는 보통 텅스텐이 많이 사용되는데, 그 이유는 (일함수가 작기 때문에) 적은 열에너지로도 쉽게 금속 외부로 전자가 튀어나올 수 있기 때문이다. filament를 가열시키기 위해 전압 V_f를 가하게 되는데 텅스텐의 경우 직류 또는 교류전압으로 $6-7\ V$ 정도면 충분하다. 전자를 이동시키기 위한 전압으로 V_p를 가한다.

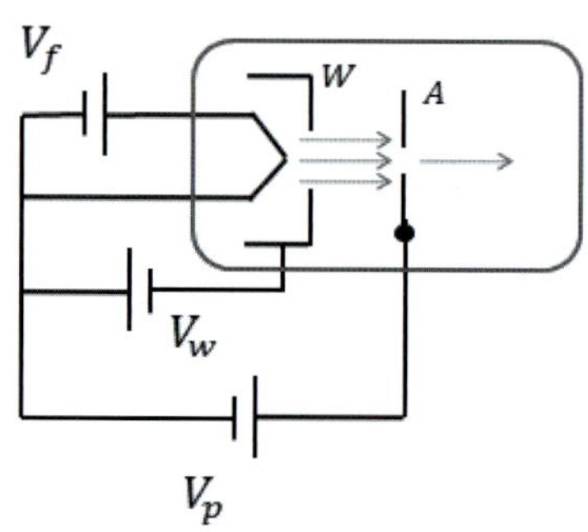

그림 3-3 | 전자총 (electron gun).

2극 진공관의 구조를 조금 바꾸어보자. 그림 3-3에서 W는 Wehnelt라고 해서 한쪽 막힌 면에 구멍이 조그맣게 뚫려 있는 원통형 구조를 가지고 있고 발명자의 이름을 그대로 붙여 사용하고 있다. Wehnelt에 전압 V_W를 가하면 Wehnelt는 (-) 전극 역할을 한다. 따라서 filament에서 튀어 나온 전자들은 Wehnelt의 전압 때문에 가운데 중심부로 모여서 진행하게 된다. 즉, 전자들이 좀 더 촘촘하게 모여들어서 진행을 하게 된다. 또 다른 Wehnelt의 기능은 오른쪽 전자의 진행방향에 대해서 크게 벗어난 방향으로 filament를 튀어나온 전자들을 차단하는 것이다. 이렇게 형성된 전자들의 흐름은 plate를 대신하여 A라고 표시된 (+) 전극의 anode 극판을 향해 날아간다. 가운데 좁은 구멍이 뚫려있는 원판 형태의 anode는 오직 가운데로 모여 있는 전자들만 통과시킨다. 즉, filament에서 튀어나온 전자들의 흐름은 anode를 지난 이후 매우 가느다란 전자선(electron beam)이 된 것이다. 이것이 전자총이다.

3. CRT

이제 CRT(cathode ray tube)를 만들어 보자. 전자는 매우 작아 사람의 눈으로는 볼 수 없다. 그러나 전자들의 흐름인 전자빔은 간접적으로 볼 수 있는 두 가지 방법이 있다. 첫 번째는 전자빔이 흐르는 공간에 약한 기압의 헬륨 가스 등을 채우게 되면 진행하는 전자들의 일부가 헬륨 원자와 충돌하고 여기된(excited) 헬륨원자의 전자들이 안정화되면서 내보내는 빛을 볼 수 있다. 이 빛의 발광위치가 바로 전자빔이 지나간 곳이 된다.

두 번째 방법은 그림 3-3을 보면 anode를 통과한 전자빔이 닿는 곳은 오른쪽의 진공관 안쪽 유리면이 될 것이다. 이 유리면에 형광물질, 즉 전자가 충돌했을 때 잃어버리는 운동에너지를 빛으로 변환하여 발광시킬 수 있는 물질을 발라 놓으면 전자빔이 닿는 곳이 발광점이 될 것이다. 전자빔이 충돌한 위치를 우리 눈으로 볼 수 있는 것이다.

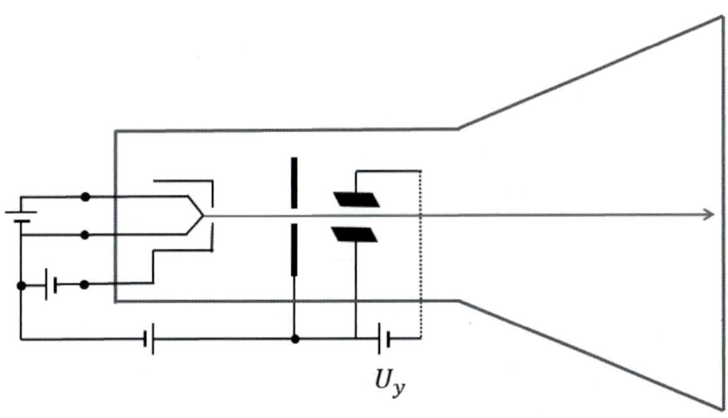

그림 3-4 | CRT (cathode ray tube).

이제 마지막으로 온전한 CRT를 구성해보자. 그림 3-4가 그림 3-3과 달라진 점은 anode 뒤쪽에 금속판 두 장이 놓여있고 이 사이를 전자빔이 지나가고 있다. 두 금속판 사이에 상대적인 전압차 U_y를 걸어주면 전자는 두 금속판 사이에 생성되는 전기장의 영향으로 인해 위 또는 아래 방향으로 진행방향이 달라질 수 있다. 따라서 형광물질이 발라진 오른쪽 스크린 상에서 전자빔에 의한 발광점의 위치가 U_y값에 따라 위, 아래로 움직이는 것을 육안으로 관찰할 수 있다. 만약 가로 방향으로 한 쌍의 금속판을 더 추가하여 적절한 전압차를 준다면 스크린 상에서 실험자가 설정할 수 있는 전압들에 의해 발광점의 위치를 상하좌우 모든 방향으로 움직이게 할 수 있다 (그림 3-5). 이렇게 전자의 방향을 변화시킬 수 있는 한 쌍의 금속판을 편향판(deflection plate)이라고 한다. 그림 3-4에서 유의해야 할 부분은 각각의 전압을 가하고자 할 때 전극들의 연결이 어디에 어떻게 이루어지는가이다.

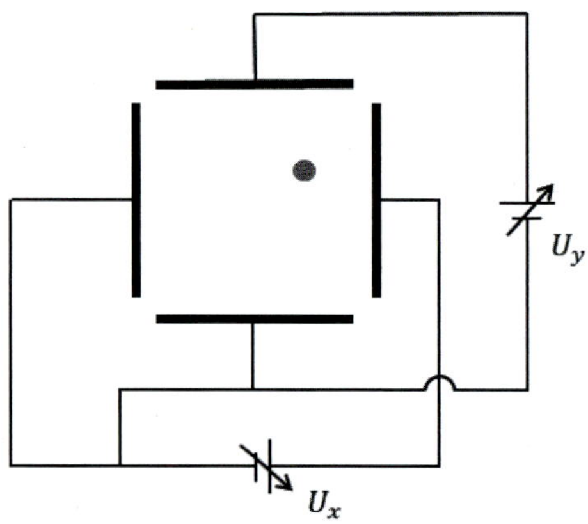

그림 3-5 | x, y 편향판. (전자빔에 대한 수직 단면에서의 모습으로 본 것이다.)

참고로 전자빔의 방향을 변화시킬 수 있는 것은 전기장뿐만 아니라 자기장에 의한 자기력으로도 가능하다. 오실로스코프의 작동을 설명할 때 전자빔의 편향을 발생시키는 것으로 그림 3-5를 기준으로 설명하겠다.

4. 오실로스코프

RLC 회로편에서 구체적으로 살펴볼 교류전기신호의 일종인 교류전압은 다음과 같이 표현될 수 있다.

$$v(t) = V_P \sin\omega t \tag{3-1}$$

이러한 교류전압을 시각적으로 표현할 수 있는 방법을 생각해 보는데, 시간에 대한 어떠한 의존성을 갖고 있는지를 표현해야 한다. 따라서 3-1식은 독립변수인 t에 대해 $(t,\ v(t))$인 이차원 공간에서 그 정보를 온전히 표현해낼 수 있다. 가로축을 시간축으로 하면 시간이 흐름에 따라 세로축 방향으로 설정된 물리량(여기서는 교류전압)이 변화하는 양상을 $(t,\ v(t))$인 공간에서 볼 수 있다. 3-1식을 이런 방식으로 표현해보면

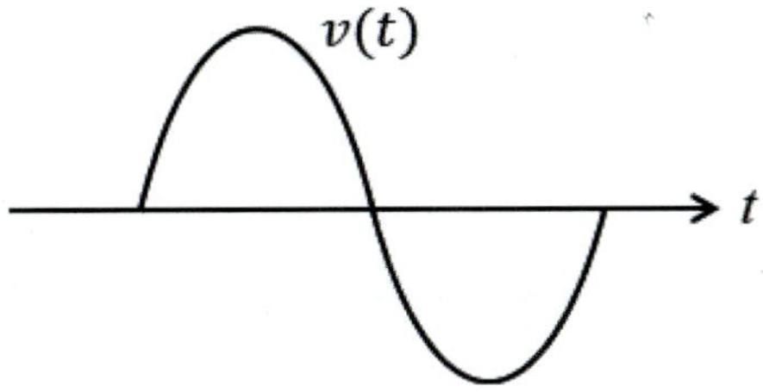

그림 3-6 | 시간에 대한 교류전압의 표현.

과 같다. (3-1식을 한 주기에 대해서만 표현한 것이다. 실제 신호는 모든 t에 대해 존재한다.) 특정한 시점에서의 전압값을 쉽게 읽어내기 위해 이런 신호가 어떠한 방법으로 화면에 표시되었을 때 화면 위에 눈금이 존재한다면 편리할 것이다. 위의 화면에 눈금을 넣어 보면 다음 그림과 같아진다.

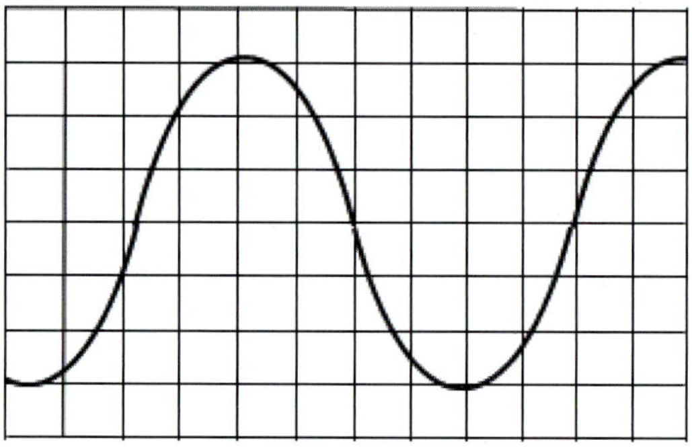

그림 3-7 | 오실로스코프 관측 화면.

이것이 바로 오실로스코프라는 장비가 보여주는 시간에 대한 교류전압신호 측정화면이다. 예를 들면 세로축 한 칸이 1 V를 의미한다고 하자. 그렇다면 이 교류전압의 진폭은 대략 3.1 V인 것을 금방 알 수 있다.

이제 우리는 3-1식을 어떻게 CRT라는 장치를 이용하여 그림 3-7처럼 화면에 구현해 낼 수 있을지 알아보자. CRT의 스크린에서 전자빔의 위치를 바꿀 수 있는 방법은 편향판에 의해 가능하다는 것을 살펴본 바 있다. 만약 시간이 흐르면서 교류전압이 없다면 ($v(t)=0$) 다음과 같은 오실로스코프 화면으로 나타날 것이다.

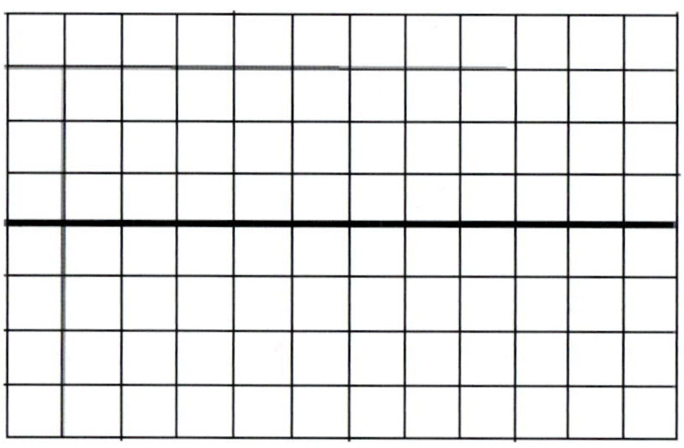

그림 3-8 | $v(t)=0$인 신호의 오실로스코프 화면.

그렇다면 이 상황에서 가운데 두꺼운 선인 전자빔 궤적은 어떻게 움직이고 있는 것일까? 가로축은 연속된 시간의 표현이기 때문에 시간에 비례하여 왼쪽 끝에서 오른쪽 끝으로 빔이 이동했다가 점프해서 왼쪽 끝으로 돌아온 것이다. 이런 식의 전자빔의 움직임이 연속적으로 일어난다. 그렇다면 전자빔을 위와 같은 연속적인 가로축 운동을 하게 하려면 가로축 편향판에 주어져야 할 전압 U_x는 시간에 대해 어떻게 변해야 하는가? 그림 3-9와 같다.

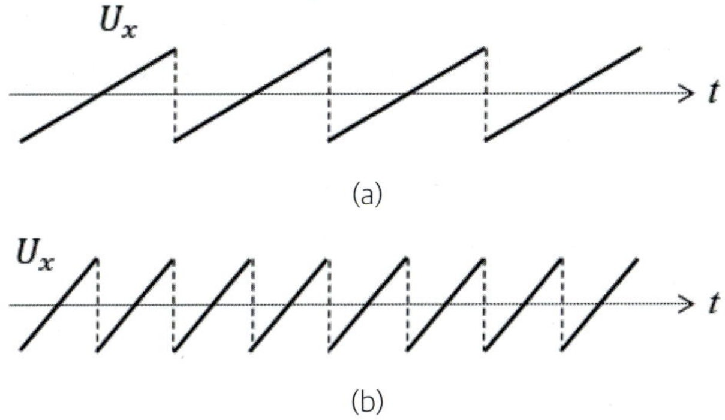

그림 3-9 | 전자빔의 가로축 방향 편향판 전압 U_x.

그림 3-9(b)의 전압이 가해지면 3-9(a)의 전압에 비해 전자빔의 가로축 운동속도가 2배가 된다. 따라서 종합해보면 그림 3-7의 오실로스코프 화면을 구현하기 위해서는 아래 그림 3-10과 같은 편향판 전압들을 가하면 되는데, U_x는 오실로스코프 내부에서 제공되고 U_y는 오실로스코프로 입력된 전압 $v(t)$에 비례하여 증폭, 생성되어 가해진다. 그 이유는 오실로스코프로 입력되는 신호전압들은 보통 수 V 정도인데 전자빔을 움직이기 위한 편향판 전압은 수백 V까지 필요한 경우도 있기 때문이다.

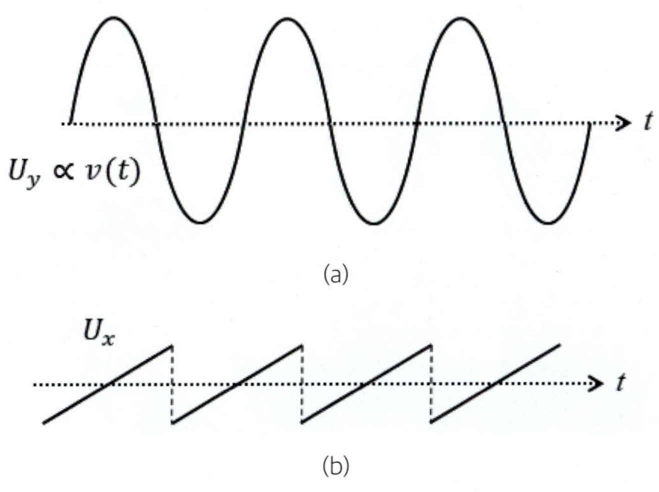

그림 3-10 | 전자빔의 (a) 가로축 방향 편향판 전압 U_x와 (b) 세로축 방향 편향판 전압.

5. 전자현미경(Electron microscope)

오늘날 실험실에서 사용되는 오실로스코프는 대부분 digital storage oscilloscope이다. 디지털 방식의 측정과 아날로그 방식의 측정은 차이가 있는데 그 부분은 본 교재의 범위를 넘어서기 때문에 생략한다. 핵심은 CRT를 이용한 아날로그 오실로스코프가 오늘날에는 거의 사용되지 않고(필자는 아직도 사용한다), CRT구조의 브라운관을 이용한 텔레비전도 그 자취를 감추었다. CRT라는 장치는 현대 기술고도화 사회에서 LED 기반의 디스플레이 장치로 거의 모두 바뀌었다. 그렇다면 이제까지 과거의 기술이었던 CRT의 작동방법을 살펴보는 것이 어떤 의미가 있었을까?

우리는 사물의 시각적 정보를 얻어낼 때 가시광선을 이용하여 육안으로 관찰한다. 그러나 매우 미세한 물체들의 경우 그 크기가 가시광선의 파장에 비해 작을 때 빛을 이용하여 대상물체를 볼 수 없다. 이러한 미세한 크기의 물체들을 관찰할 때 사용하는 장비가 바로 전자현미경이다. 전자현미경의 기본구조는 CRT의 구조와 매우 흡사하다. 전자현미경은 지금도 첨단장비로서 탈바꿈하여 실험현장에서 많이 사용되는 고가의 장비이다. 초기 형태의 전자현미경은 독일의 과학자 Ernst Ruska(1906 – 1988)에 의해 개발되었고 이 공로로 그는 1986년 노벨물리학상을 수상했다.

(사진 출처 – https://famousbio.net/)

그림 3-11 | 자신이 제작한 전자현미경을 살펴보는 Ernst Ruska.

수십 나노미터 급 크기를 가진 물체의 모습을 볼 수 있는 전자현미경의 성능을 가늠해보기 위해 필자가 직접 제작한 미세 구조물을 전자현미경으로 관찰한 사진이 그림 3-12이다.

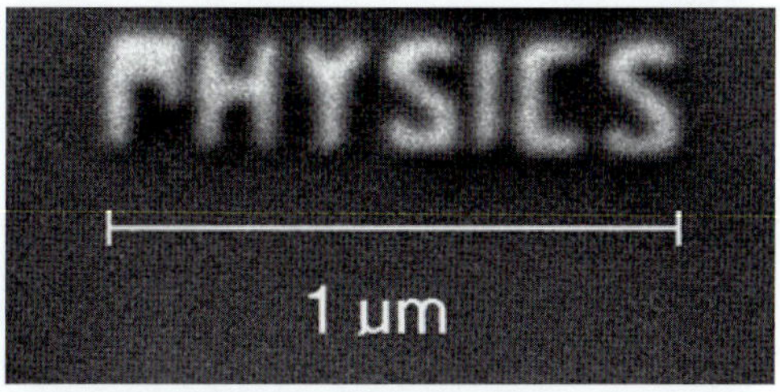

그림 3-12 | Electron beam lithography로 제작한 $1\mu m$ 크기의 PHYSICS 문자.

3 실험 장비

1. CRT와 단자 연결박스, 전자빔 편향용 전자석

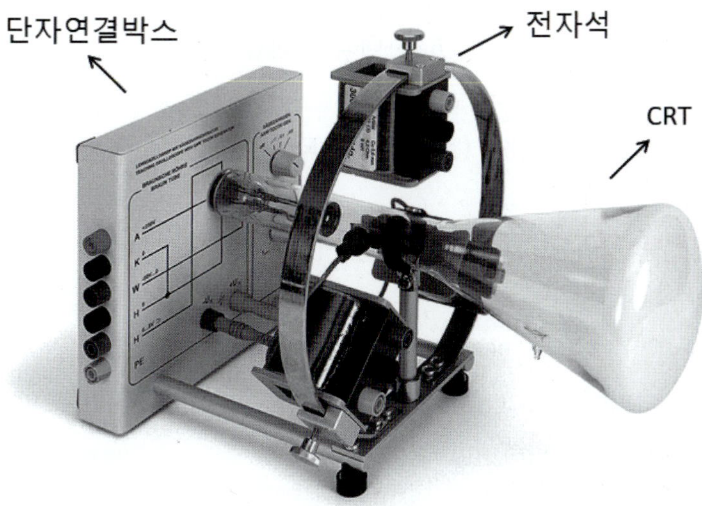

그림 3-13 | CRT와 CRT 단자 연결박스.

CRT가 고정되어 있는 연결 단자판을 살펴보면 다음과 같다.

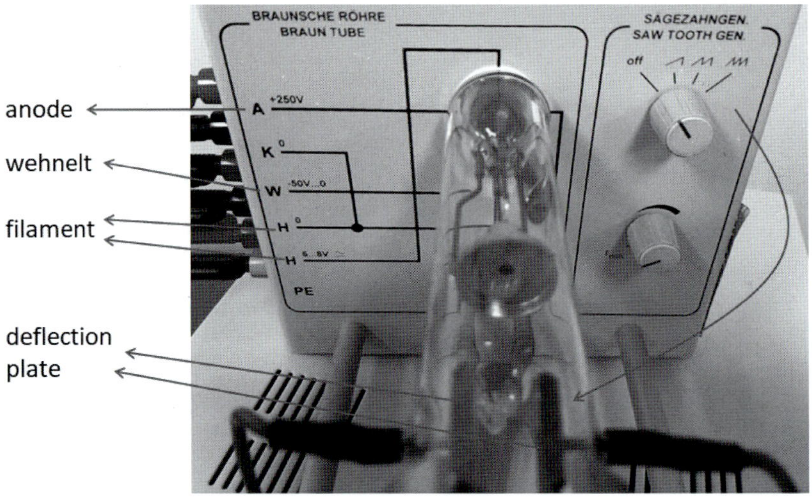

그림 3-14 | CRT 단자 연결박스.

위 연결박스의 톱니파 발생기(saw-tooth generator)는 그림 3-9, 3-10의 가로축 편향판에 공급될 전압을 생성한다. 그림 3-14 아래쪽에 가로축 편향판 한 쌍이 보인다.

A : anode 전압 연결단자. 250 V 정도의 전압이 가해지기 때문에 주의해야 한다.

W : wehnelt 전압 연결단자. 보통은 50 V 이내의 전압이면 충분하다

H : filament 전극 연결단자. 6.5 V 내외의 전압을 가한다.

PE : ground 단자.

K : cathode 전압 연결단자. (전자가 방출되는 부분을 cathode라고 한다.)

2. 4 채널 직류전원 공급장치 (0−500 V, 0−50 V, 0−8 V, 0−12 V)

네 개의 전압연결단자는 독립적으로 각각의 전압을 공급한다. 즉, (+) (−) 단자 모두가 채널별로 분리되어 있고 ground를 공유하지 않는다. 수 백 볼트의 전압이 출력되는 단자가 있기 때문에 주의하여야 한다.

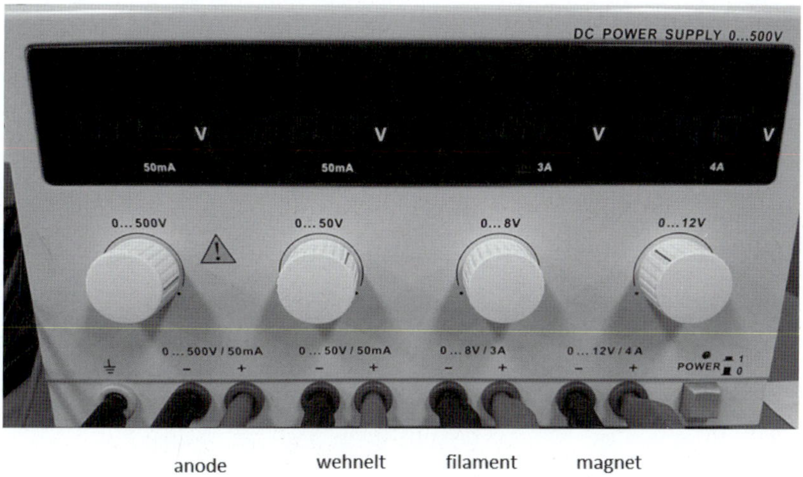

그림 3-15 | 전압공급기.

3. 고전류용 함수발생기

그림 3-16 | 고전류 함수발생기.

사인파(sine wave), 삼각파(triangular wave), 구형파(square wave)를 공급한다. 진폭이 최대 $24\,V$까지 나오기 때문에 저항의 크기가 $10\,\Omega$ 미만인 전자석에 연결될 때 일반적인 함수발생기와는 달리 충분한 전류를 공급할 수 있어야 한다. $4 \sim 5\,A$ 정도의 전류가 공급될 수 있기 때문에 주의를 기울인다. $0.01\,Hz \sim 1\,MHz$의 주파수 범위를 가지고 있다.

4. 단자연결용 banana plug 다수

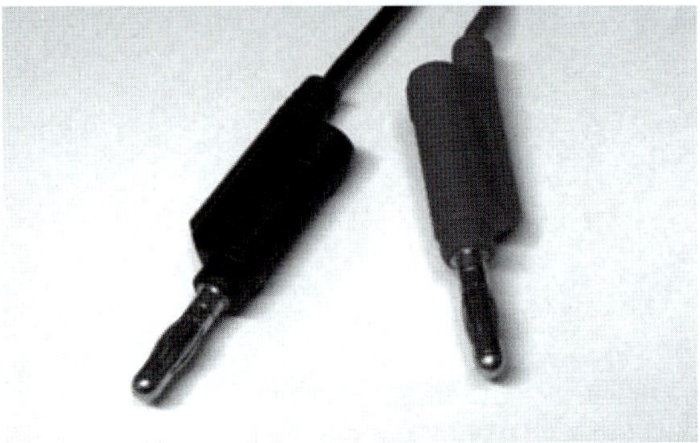

그림 3-17 | banana plug.

4 실험 과정

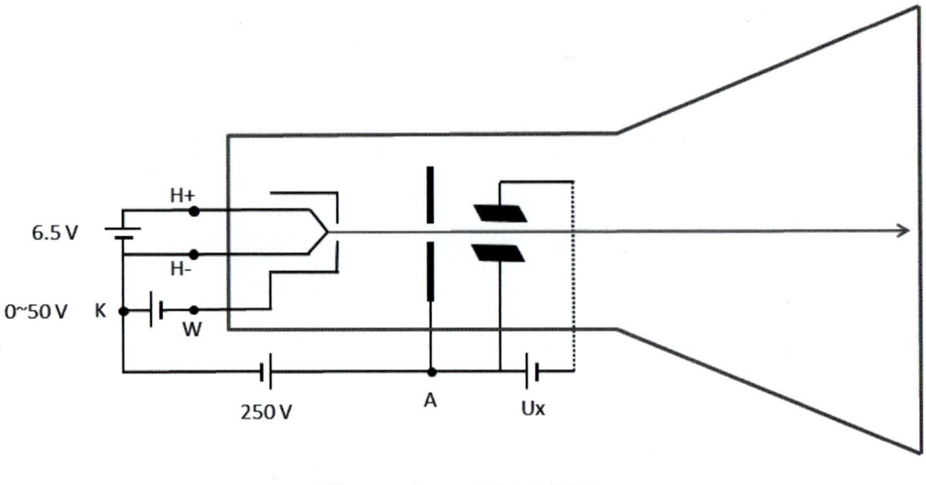

그림 3-18 | CRT 회로 연결도 1.

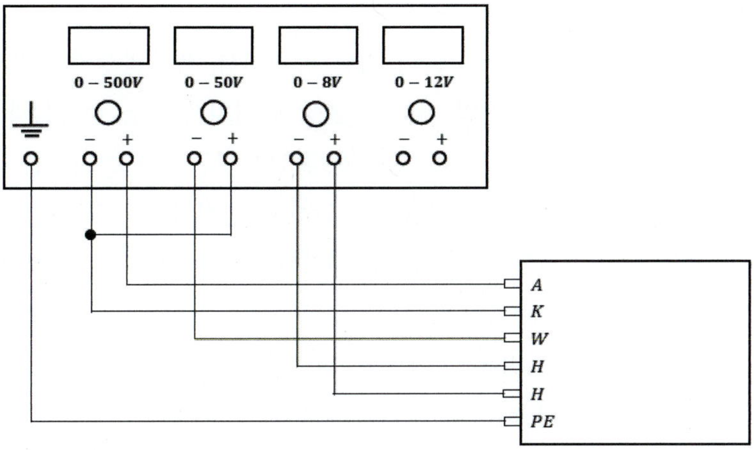

그림 3-19 | CRT 회로 연결도 2.

CRT를 정상적으로 작동시키기 위해서는 각 단자들 간의 상대적인 전압차이를 만들어 주는 것이 중요하다. 그림 3-18의 회로연결도가 가장 중요하고, 이와 같은 회로구성을 위해서 전원공급기와 CRT 연결 연결박스를 그림 3-19와 같이 연결한다.

1. 전압공급기의 전원을 켜기 전에 전압조절 스위치들을 최대한 반시계 방향으로 돌려 출력 전압들이 0 *V*가 될 수 있게끔 한다.
2. 전압공급기의 전원을 켜고 맨 먼저 filament 전압이 6.3 *V*가 되도록 채널3의 값을 설정한다. filament가 충분히 가열되어야 열전자가 방출되기 때문에 가장 먼저 전압을 가한다.
3. CRT 스크린을 관찰하면서 채널 1의 anode 전압을 조금씩 올린다. 발광스크린에 충동하는 전자의 운동에너지가 충분히 커야 스크린에서 발광이 이루어지기 때문에 어느 정도의 전압부터 전자빔의 spot를 볼 수 있는지 관찰한다. 이 값은 대략 160 *V* 전후이다. 250 *V*까지 올리면 충분히 밝은 전자빔 spot이 스크린에 맺힌다. 250 *V* 이상은 올리지 않는다.
   스크린상의 전자빔 spot의 위치가 어디에 있는지 주목한다.
4. 이제 가로축 편향판에 전압을 가하여 전자빔을 가로축 선상에서 움직이게 해본다. 그러기 위해서 그림 3-14의 단자 연결박스에서 U_x에 전압을 공급해주는 톱니파 조절스위치를 off 위치에서 가장 속도가 낮은(가장 낮은 주파수) 톱니파 위치로 돌린다. 이 때 CRT 스크린의 전자빔이 어떻게 움직이는가를 살펴본다. 다른 속도들

도 선택하여 변화를 관찰한다.

5. 가장 낮은 주파수의 톱니파 세팅을 유지한 상태에서, 함수발생기가 꺼져있는지 확인하고 전자석 하나를 스크린의 가로축 선상에 위치시킨다. 전자석과 함수발생기를 연결배선을 이용하여 연결한다. 함수발생기의 전압출력 스위치를 최대한 반시계 방향으로 돌려놓고 스위치를 켠다. 사인파로 설정하고 $1\,Hz$ 정도의 주파수를 설정한다. 전압 출력스위치를 조금씩 시계방향으로 돌려본다. 전자빔의 움직임이 어떻게 변화하는지 관찰한다.

   여기서 전자석에 흐르는 전류의 방향을 파악하고 전자빔의 상하 운동에 대해서 $\vec{F} = q\vec{v} \times \vec{B}$의 자기력이 어떻게 작용하는지 확인해본다.

6. 함수발생기를 off 시키고 이제는 한 쌍의 전자석을 스크린의 가로축 선상에 좌우로 배치한 후 함수발생기와 두 개의 전자석이 직렬연결이 되도록 연결한다. 이 때 두 전자석의 자기력의 방향을 고려하여 전류의 방향이 설정되도록 배선들을 연결한다.

7. 함수발생기를 on 시키고 서서히 출력전압을 올려본다. 과정 5와는 어떤 점이 다른지 관찰한다. 그림 3-7과 비슷한 전자빔의 운동궤적이 관찰될 텐데, 좌우로 움직이는 사인파처럼 보일 것이다. 이제 함수발생기의 주파수를 조금씩 올려본다. 어떤 주파수 값들에 대해서는 정지한 사인파처럼 관찰될 것이다. 주파수의 변화에 따라 어떻게 이런 변동이 생기는지 본문에서의 작동원리를 참조하여 생각해본다.

과제용 질문

실험에서 사용한 250 V의 가속전압과 아래 그림의 수치들을 이용하여 전자 빔이 스크린의 세로축 방향 가장자리로 휘어지기 위해서는 얼마의 전압을 편향판에 가해야 하는지 계산해 보시오. (일반물리학 교재의 전기장 편을 참고한다.)

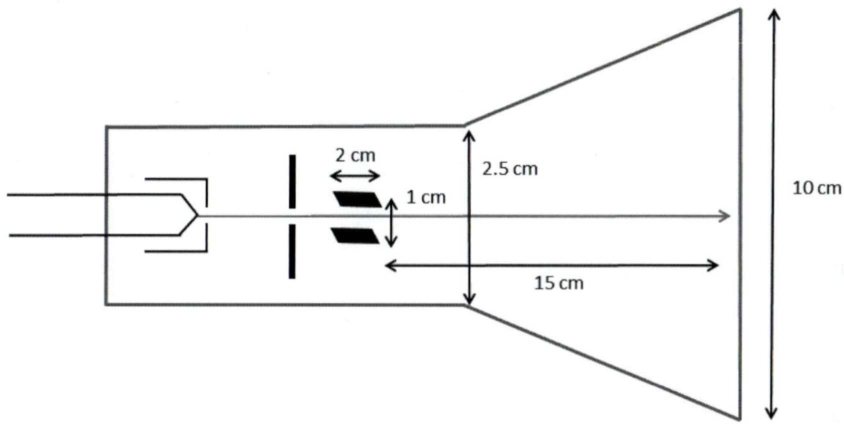

그림 3-20 | CRT 과제 그림.

4. 등전위선 측정 실험

1 실험 목적

전압차는 전기장에 의해 발생한다. 전기장이 존재하는 공간에서 전압기준점에 대한 상대적인 전압차를 측정하여 같은 전압차를 가지는 지점들을 연결한 선들, 즉 등전위선들의 분포를 실험적으로 구해본다.

2 이론

1. 전기장

전하를 띤 물체들은 쿨롱힘이라는 전기력을 통해 상호작용한다. 공간에 고정되어 있는 점전하 q는 전기장을 만들어낸다. 사실 전기장이 눈에 보이는 실체는 아니다. 그러나 점전하 q 주위에 또 다른 점전하인 q_o를 위치시켰을 때, 두 전하 사이에 작용하는 전기력은 다음과 같다.

$$\vec{F} = \frac{1}{4\pi\varepsilon_o}\frac{qq_o}{r^2}\hat{r} \tag{4-1}$$

두 전하 사이에 작용하는 힘은 q_o가 바뀜에 따라 달라지므로 q라는 전하가 공간에 만들어낸 본질적인 영향은 4-1식에서 q_o를 제외한 나머지 부분이 될 것이다. 이것을 정리해보면 다음과 같다.

$$\frac{1}{4\pi\varepsilon_o}\frac{q}{r^2}\hat{r} = \frac{\overrightarrow{F}}{q_o} \equiv \overrightarrow{E} \tag{4-2}$$

여기서 $\overrightarrow{E}$를 점전하 q가 만들어낸 전기장이라고 한다. 정전기력은 전하 q가 만들어낸 전기장 $\overrightarrow{E}$의 영향을 전하 q_o가 받아서 형성된 것이라고 볼 수 있다. 점전하 q에 의해 만들어진 $\overrightarrow{E}$를 도식화하여 표현해보면 그림 4-1과 같다.

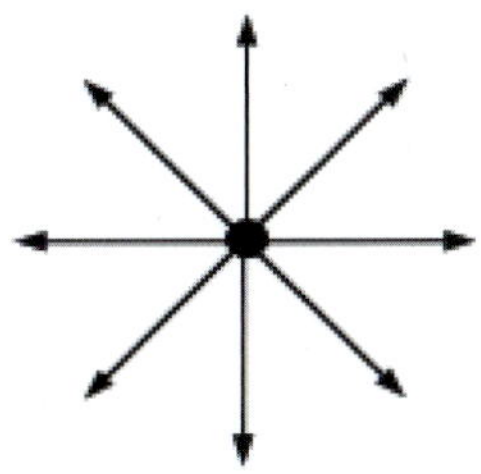

그림 4-1 | 점전하에 의해 발생한 전기장.

전기장을 선 형태로 시각화하여 직관적인 이해가 가능하도록 한 전기력선의 개념은 Michael Faraday에 의해 처음으로 제안되었다. 전기장의 분포는 전기장을 만들어내는 전하들의 기하학적인 배치에 의해 결정된다.

2. 전기퍼텐셜

전기장이 존재하는 공간에서 전하 q가 전기장으로부터 힘을 받아 A라는 위치에서 B라는 위치로 이동했을 때 전기장이 전하 q에 대해 일을 하였다고 표현한다.

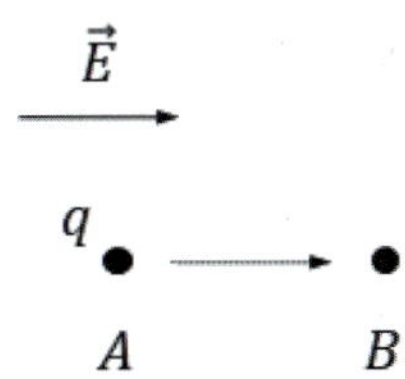

그림 4-2 | 전기장에 의한 일.

이 때 전기장이 한 일을 표현해보면 4-3식과 같다.

$$W_{AB} = \int_{A}^{B} \vec{F} \cdot d\vec{r} \tag{4-3}$$

예를 들어 A라는 위치에서 정지해있던 점전하 q는 전기장에 의한 일을 받아서 B지점에 도착해서는 어느 정도의 운동에너지를 가지게 될 것이다. 그렇다면 A라는 위치는 B라는 위치에 비해 W_{AB}만큼의 일을 할 수 있는 능력을 가진 위치이다. 따라서 A는 B지점보다 W_{AB}만큼 더 높은 퍼텐셜에너지 U를 가지고 있다고 표현할 수 있다. 앞서 살펴본 전기장에 관한 내용에서 $\vec{F}$는 q에 비례하므로 퍼텐셜에너지 U도 전하량 q에 비례함을 알 수 있다. 따라서 전기장에 의해 일을 받게 되는 전하의 전하량 q와는 무관하게 주어진 공간 자체의 성질로서 퍼텐셜에너지를 정의해보면 식 4-2에서처럼 전하량 q로 나누게 되면

$$\frac{U}{q} \equiv V \tag{4-4}$$

로, 힘을 받는 대상인 전하들의 단위전하 당 퍼텐셜에너지 V를 정의할 수 있다. 이것을 전기퍼텐셜 V라고 한다. 엄밀하게는 두 위치 A, B 사이의 전기퍼텐셜의 차이이기 때문에 V 대신 ΔV_{AB} 라고 할 수 있다. 공간 어디에선가의 전기퍼텐셜 기준점을 잡게 되면 이 기준위치에 대해 A에서의 전기퍼텐셜은 V_A, B에서의 전기퍼텐셜은 V_B이므로 $\Delta V_{AB} = V_A - V_B$라고 쓸 수 있다. 즉, 위치 A에서의 전기퍼텐셜은 위치 B에서의 전기퍼텐셜보다 ΔV_{AB} 만큼 높다고 표현한다.

전기퍼텐셜의 기준점에 대해 같은 값의 전기퍼텐셜(또는 전기퍼텐셜 차이)을 가지는 점들을 모아놓은 것을 등퍼텐셜면(equipotential surface)이라고 한다. 전기퍼텐셜을 정의한 공간이 2차원 공간일 경우 등퍼텐셜선(equipotential line)으로 나타날 것이다.

그림 4-3(a)의 점선들은 단일 점전하에 의한 등퍼텐셜선들을, 그림 4-3(b)의 점선들은 부호가 다른 두 점전하가 형성하는 등퍼텐셜선들을 각각 나타낸다. 두 그림에서 화살표로 표현된 선들은 전기장을 의미한다.

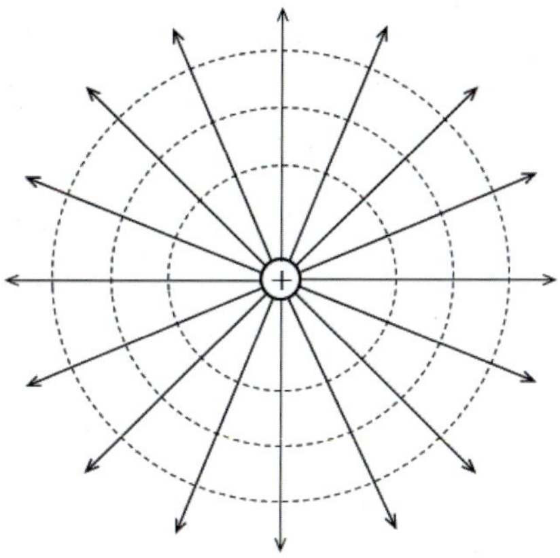

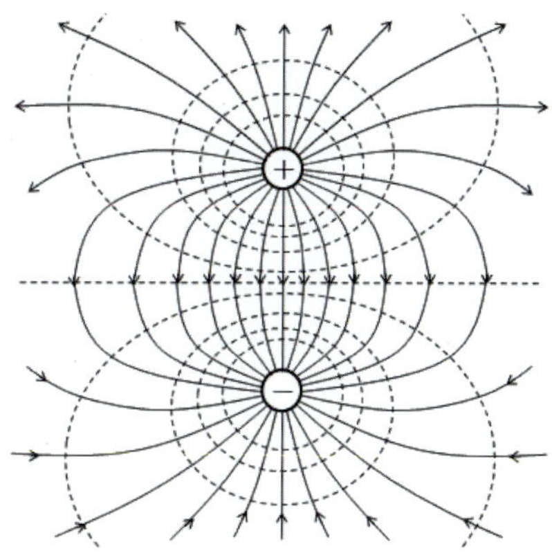

그림 4-3 | (a) 점전하에 의한 전기장과 등전위선. (b) 부호가 다른 두 점전하에 의한 전기장과 등전위선.

그림 4-3(b)의 점선들이 실험에서 측정하게 될 등퍼텐셜선들에 해당한다. 페텐셜이란 용어는 전위라는 단어로 번역되어 등퍼텐셜선을 등전위선이라고도 표현한다.

3. 전류와 저항

전류는 단위시간당 특정한 영역을 지나간 전하량으로 정의한다.

$$I = \frac{\Delta q}{\Delta t} \tag{4-5}$$

예를 들면 구리도선의 단면을 Δt라는 시간동안 Δq만큼의 전하량이 통과해갈 때 이 두 양의 비율이 전류이다. 매 시각마다 이 비율은 달라질 수 있으므로 $\Delta t \to 0$인 극한을 취하면 (즉 어느 순간에서의 4-5식을 표현해보면)

$$I = \lim_{\Delta t \to 0} \frac{\Delta q}{\Delta t} = \frac{dq}{dt} \tag{4-6}$$

이다.

한편, 전류가 통과하는 물체의 단면에서 ΔA만큼의 단면적을 통해 흐르는 전류의 양

ΔI에 대해 $\Delta I/\Delta A$의 비율을 전류밀도 J라고 정의한다. 위에서와 마찬가지로 ΔA의 위치마다 이 비율이 달라질 수 있으므로 특정한 단면에서의 국지적인 위치에 대해

$$J = \lim_{\Delta A \to 0} \frac{\Delta I}{\Delta A} = \frac{dI}{dA} \tag{4-7}$$

이다.

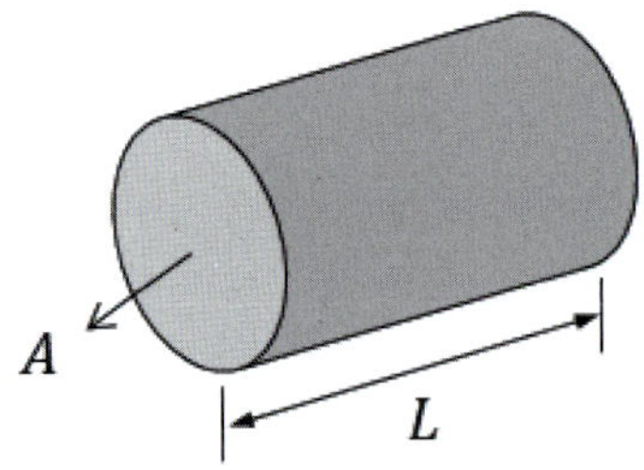

그림 4-4 | 원통형 전도체의 한 부분.

그림 4-4와 같은 3차원 형태의 전도체 도선이 있다. 단면의 면적은 A이고 길이가 L인 도선의 일부를 잘라낸 그림이다. 시간간격 Δt 동안에 한쪽 면의 끝에서 출발한 전하들이 일정한 속도로 다른 면의 끝에 도달한다고 했을 때, Δt 시간동안에 전도체의 단면을 통과해 간 전하량은 $\Delta q = \Delta(eN) = \Delta(eALn)$ 이다. 여기서 e는 단위전하 당 전하량, n은 단위부피당 전하 수, 즉 밀도이다. steady한 상태로 전류가 흐를 경우

$$I = \frac{\Delta q}{\Delta t} = eAn\frac{\Delta L}{\Delta t} = eAnv_d \tag{4-8}$$

이다. v_d는 유동속도로서 조금 복잡한 의미를 가지고 있지만 단순하게는 전하가 전도체를 지나가는 평균적인 속도로 이해할 수 있다. 따라서 전류밀도는 다음과 같이 쓸 수 있다.

$$J = \frac{I}{A} = env_d \tag{4-9}$$

여기서 ΔA 대신에 A를 사용한 이유는 모든 단면적 상의 위치에 대해 전류가 균일하게 흐르고 있다고 가정했기 때문이다. 전도체를 통해 전류를 발생시키기 위해서는 전기장이 필요하다. 전기장은 서로 다른 두 지점 사이에 전압차를 가해주면 발생한다. 전기장에 의해 전하가 받는 힘은 $F=qE=ma$이므로 전하의 가속도는 $a=F/m=eE/m$이다. 그러나 전하가 실제로 이러한 가속도운동을 하지는 않는다. 그 이유는 전하가 전도체를 흐를 때 전도체를 이루는 원자 또는 불순물들과의 충돌, 원자의 진동운동과의 상호작용 등을 통해 지속적으로 감속운동이 발생하기 때문이다. 따라서 이러한 감속의 원인이 되는 사건들이 발생하는 평균 시간간격을 τ라고 하고, 감속의 경우 충돌에 의해 완전히 멈춘다고 가정하면

$$v_d = a\tau = \frac{eE\tau}{m} = \frac{J}{ne} \tag{4-10}$$

이다. 멈추었던 전하는 다시 힘을 받아 진행하게 되고 충돌에 의해 다시 멈추는 운동을 연속적으로 경험한다고 생각할 수 있다. 참고로 v_d나 τ는 정밀한 수치로서의 의미보다는 정성적인 의미의 척도로 사용되기 때문에 위와 같이 다양한 감속운동의 경우를 완전히 멈춘다는 경우로 단순화하여 가정할 수 있다.

식 4-10으로부터 전류밀도를 다시 써보면

$$J = \frac{e^2 n\tau}{m}E = \sigma E = \frac{1}{\rho}E \tag{4-11}$$

이다. 여기서 σ는 전도도(conductivity), ρ는 비저항(resistivity) 이다. 전도도는 얼마나 전류가 잘 흐르는가를 나타내고 비저항은 얼마나 저항성이 큰가를 나타내는 양이다. $J=\sigma E$는 거시적으로는 $V=IR$과 같은 의미를 가지고 있고 옴의 법칙이라고 불린다.

4. 전하의 축적

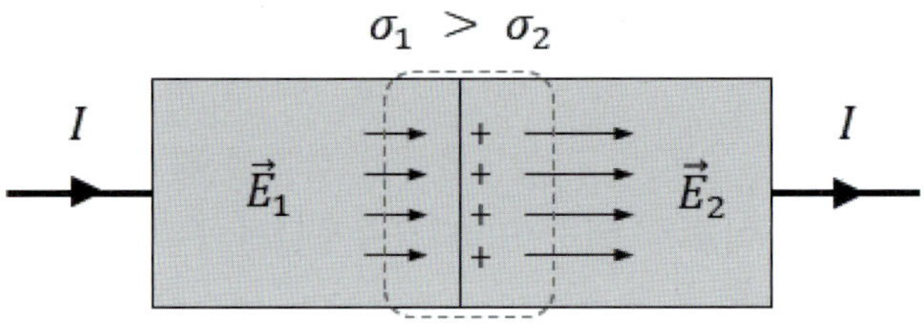

그림 4-5 | 서로 다른 전도도를 가진 전도체의 연결.

그림 4-5와 같이 단면적이 A 이고 전도도가 다른 두 물질이 접합된 전도체를 생각해 보자. 상황을 단순화하기 위해 유전율은 같다고 가정하면 전도체 전체를 흐르는 전류는 I 이므로

$$I_1 = I_2 \ \rightarrow \ J_1 = J_2 \ \rightarrow \ \sigma_1 E_1 = \sigma_2 E_2 \tag{4-12}$$

이고 전기장에 관해서는

$$E_2 = \frac{\sigma_1}{\sigma_2} E_1 > E_1 \tag{4-13}$$

임을 알 수 있다. 앞에서 전기장에 관하여 알아본 바에 따르면 전기장은 전하에 의해서 발생한다. 따라서 그림 4-5에서처럼 전도도가 다른 두 물질영역에서의 전기장이 다르다면 경계면에 축적되어 있는 전하가 존재한다는 의미이다. 경계면에 존재하는 전하량을 알아내기 위해 그림 4-5에서와 같이 점선으로 표시된 가우스 적분면을 잡아보면

$$\int \overrightarrow{E} \cdot d\vec{a} = -E_1 A + E_2 A = \frac{Q}{\varepsilon_o} \tag{4-14}$$

이므로 경계면에 존재하는 전하량 Q는 다음과 같다.

$$Q = \varepsilon_o A\,(E_2 - E_1) = \varepsilon_o I\left(\frac{1}{\sigma_2} - \frac{1}{\sigma_1}\right) \tag{4-15}$$

4-15식의 유도에는 $J = I/A = \sigma E$ 식이 사용되었다. 그림 4-5와 같은 상황에서는 $\sigma_1 > \sigma_2$ 이므로 (+)의 전하량이 경계면에 존재한다. 이와 같은 전하량이 계면에 존재하는 물리적인 이유는 전도도가 좋은 (1)번 영역을 흐르던 전류는 전도도가 떨어지는 (2)번 영역을 만나면서 상대적으로 더 큰 저항을 느끼게 되므로 쉽게 흘러들어가지 못하면서 경계면에 전하가 축적이 된다. 이렇게 축적된 전하에 의해 (2)번 영역에서는 더 큰 전기장이 발생하게 된 것이다.

이와 같은 논의를 확장하게 되면 다음과 같이 전도도가 다른 세 개의 물질로 구성된 전도체의 계면전하들을 구할 수 있다.

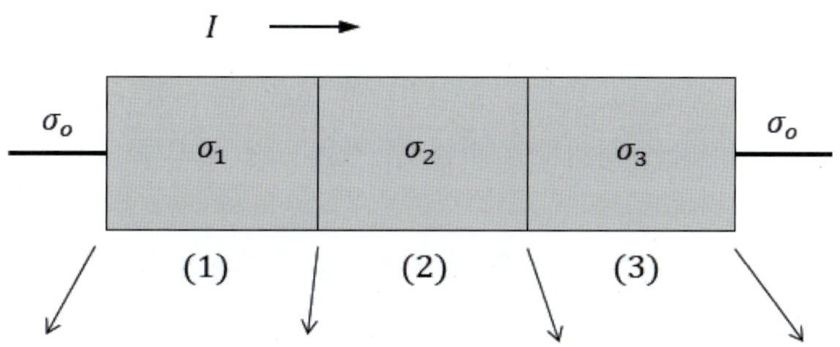

$$\varepsilon_o I\left(\frac{1}{\sigma_1} - \frac{1}{\sigma_o}\right) \quad \varepsilon_o I\left(\frac{1}{\sigma_2} - \frac{1}{\sigma_1}\right) \quad \varepsilon_o I\left(\frac{1}{\sigma_3} - \frac{1}{\sigma_2}\right) \quad \varepsilon_o I\left(\frac{1}{\sigma_o} - \frac{1}{\sigma_3}\right)$$

그림 4-6 | 세 개의 물질영역으로 이루어진 전도체의 계면전하.

여기서 도선의 전도도는 σ_o인데, 일반적으로 도선의 경우는 매우 전도도가 높은 물질을 사용하기 때문에 회로 내 다른 물질들에 비해 $\sigma_o \to \infty$로 가정할 수 있다. 그렇다면 왼쪽의 도선과 (1)번 물질의 경계면에서는 $Q = \varepsilon_o I/\sigma_1$인 전하량이 존재할 것이다.

이제까지의 논의를 통해 저항을 가진 물질의 양단에는 전하가 축적이 되며 이에 의해 저항체 내부에 전기장이 발생한다는 것을 알 수 있다. 그런데 이렇게 전극 양단에 전하가 축적이 되는 구조체가 바로 우리가 알고 있는 축전기(capacitor)의 구조이다. 축전기와는 다른 점이 양 극판 사이에 전도체가 존재하고 이를 통해서 전류가 흐르고 있다는 점이다. 이것이 우리가 실험에서 사용하게 될 실험장치의 구조이다. 전도체로는 물을 사용하게 된다. 따라서 전도체 내부에 접근하여 극판과 전도체의 특정 위치 사이의 전압차를 측정할 수 있게 된다. 상용화된 실험세트 중에는 물 대신에 (먹지 등을 이용한) 전도체 판을 사용하는 경우도 있다.

참고로 저항체의 양단에 전하가 축적된다는 것은 capacitance가 발생한다는 의미이다. 실제로 저항이 큰 부품들을 사용하여 정밀측정을 할 때 저항체에서 capacitance 용량이 관찰된다.

실제 실험에서 유의할 사항이 있다. 실험에서는 그림 4-3(b)와 유사한 상황을 만들기 위해 점전하 대신에 한 쌍의 원형 구리전극을 사용하여 여기에 전압공급기의 (+)극과 (−)극을 연결하여 전하를 축적시킴으로써 그림에서의 점전하 역할을 대신하게 된다. 원형 구리전극이 오랜 시간동안 물과 접촉하게 됨으로써 구리전극의 표면에 이물질 등이 축적되어 비교적 저항이 큰 불순물 막이 형성되었을 수 있다. 이런 경우 불순물 막에 걸리는 전압차에 의해 멀티미터(전압계)가 측정하는 전압차는 [구리전극 - 수조 내 특정위치]의 전압차가 아니고 [구리전극 - 불순물 막 - 수조 내 특정위치]의 전압차가 되기 때문에(그림 4-6 참조) 올바른 측정결과를 얻을 수가 없다. 따라서 이런 문제가 발생하는 경우 구리전극을 분리하여 꺼낸 후 가는 사포 등으로 구리전극의 표면을 잘 닦아준 후에 사용하면 된다.

추가적으로 생각해 보아야 할 것은 만약 소금을 추가하여 물의 전도도를 높이면 어떤 일이 발생할까, 만약 액체 상태의 수은과 같이 전도도가 매우 높은 유체로 물을 대체한다면 어떤 일들이 벌어질까라는 부분이다. 이것은 실험에 사용되는 전압공급기의 특성도 함께 고려하여 생각해 보아야 한다.

3 실험 장비

1. 수조형 등전위선 실험장치

측정전압 변동을 최소화하기 위해 수면의 떨림이 최소화된 상태에서 측정한다.

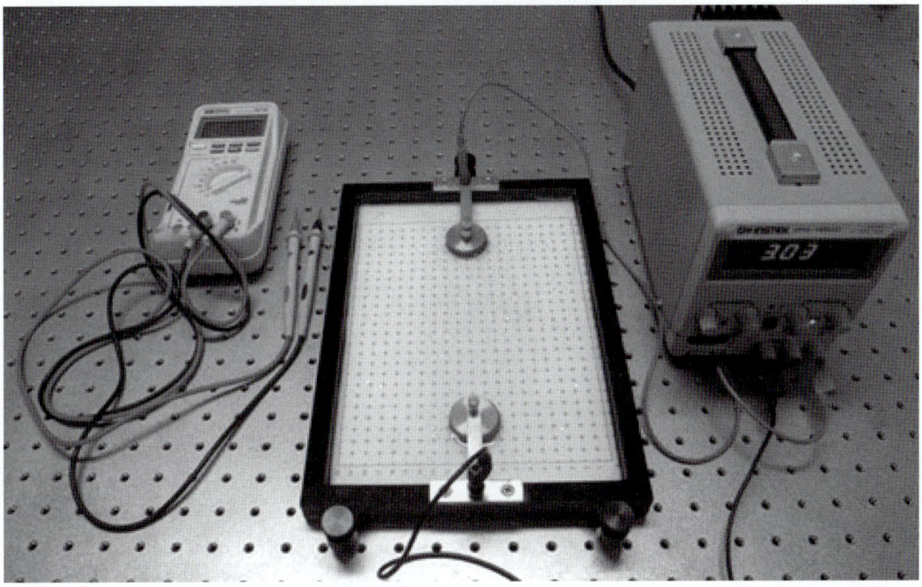

그림 4-7 | 등전위선 실험 세트.

2. 직류 전압공급기

$5\,V$ 이상의 직류 가변전압 공급이 가능한 전압공급기이면 모두 사용가능하다.

그림 4-8 | 직류 전압공급기.

3. 멀티미터 또는 전압계

3~4 digit 정도의 정밀도면 충분하다.

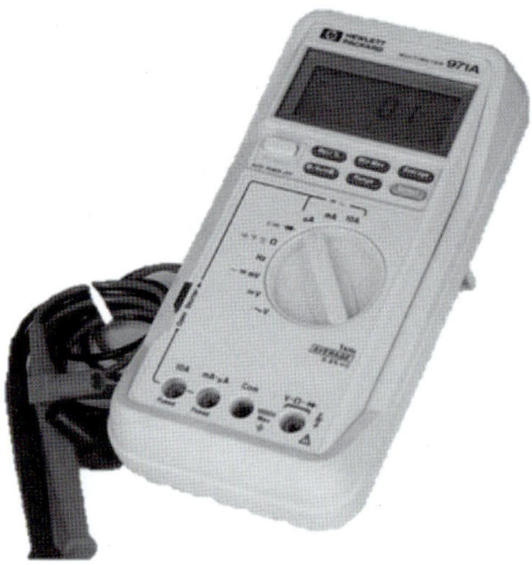

그림 4-9 | 전압측정용 멀티미터.

4. 연결 배선

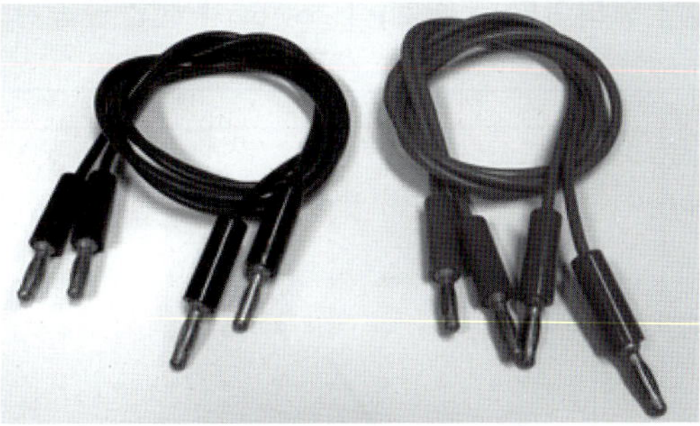

그림 4-10 | 전압공급기 연결 배선.

5. 컴퓨터 (실험데이터 기록용)

4 실험 과정

1. 등전위선 실험 장치를 그림 4-11과 같이 연결한다.
   실험에 사용하는 멀티미터(전압측정 모드)의 경우 3~4 digit 정도의 정밀도면 충분하다. 오히려 이 이상의 정밀도를 가질 경우 물의 진동에 의한 측정값의 끝자리 수에서의 불필요한 fluctuation이 나타날 뿐이다. 사용되는 전압계의 종류에 따라 측정값에서의 fluctuation을 줄이기 위해 integration time을 조절하거나 전기적 필터를 사용할 경우 시간상수를 조절하면 평균화된 안정적인 측정값을 얻을 수 있다.

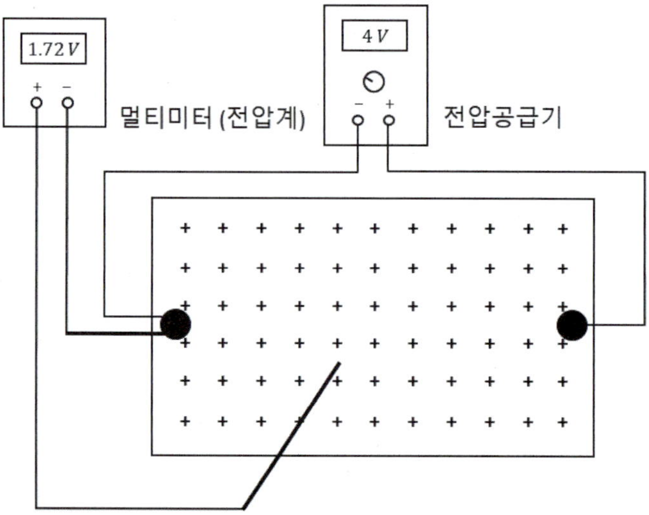

그림 4-11 | 실험 장치 연결도.

2. 수조가 절반 정도의 높이까지 잠기도록 물을 넣는다.
3. 전압공급기의 출력전압을 4 V로 설정한다.

   그림 4-12와 같이 연결한 상태에서 두 개의 원형 구리전극 사이 중간쯤의 위치에서 멀티미터의 측정 탐침으로 (−)전압 구리전극과의 전압차를 측정했을 때 2 V 정도가 나오면 정상이다. 이 값으로부터 꽤 벗어난 값이 측정되면 앞서 이론 편에서 살펴본 바와 같은 구리전극 표면의 불순물의 영향이거나 연결배선과 부속품들 사이의 접촉 저항이 원인이기 때문에 연결 부위들을 확인한다.

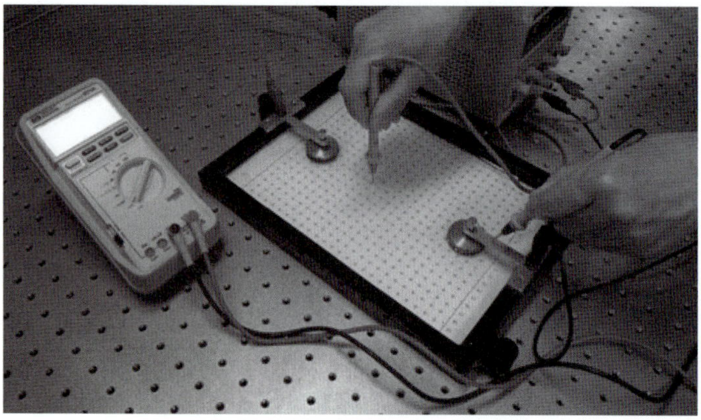

그림 4-12 | 등전위선 실험 측정 모습.

4. 컴퓨터에 있는 데이터기록용 엑셀파일인 Electric Potential Mapping template을 열고 지정된 수조의 위치 좌표값 들에서의 전압을 측정 프로브로 하나씩 측정하여 기록한다.
5. 2D, 3D chart contour plot 기능을 이용하여 측정한 데이터를 그래프로 만들어본다.
6. 그래프를 출력하여 제출한다.

참고

비교적 정상적으로 측정된 실험결과는 다음과 같은 2D contour plot의 모양을 가진다.

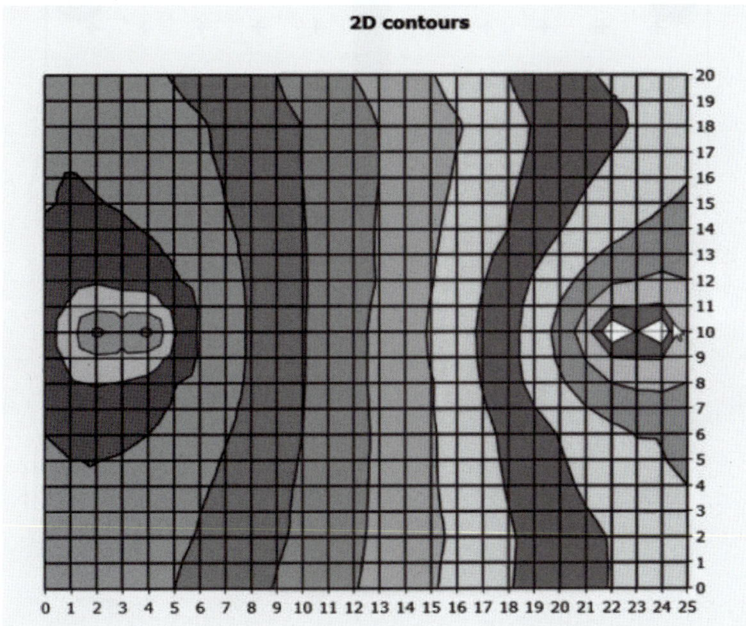

그림 4-13 | 등전위선 측정결과의 2D contour plot 사례.

과제용 질문

그림 4-14와 같이 수조의 중앙부분에 기다란 형태의 금속물체를 놓았을 경우 등전위선의 분포가 어떻게 달라질지 추론하여 설명해 보시오.

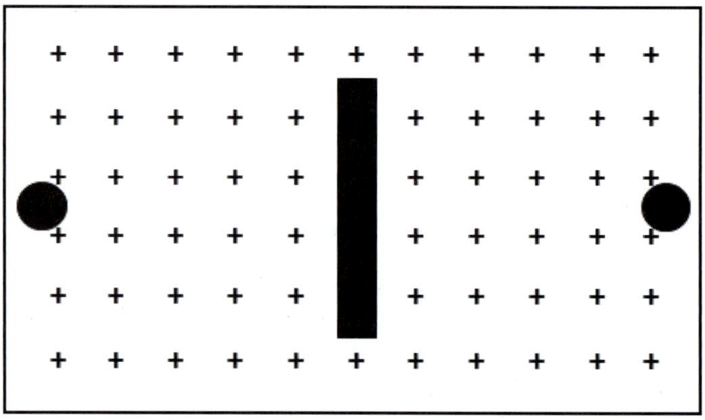

그림 4-14 | 과제용 질문 그림.

5. RC 회로의 충전과 방전

1 실험 목적

저항값이 R인 저항과 축전용량이 C인 축전기로 이루어진 RC 회로에서 축전기가 충전 또는 방전이 될 때의 축전기에 걸리는 전압 V_c의 시간적 변화를 측정하여 RC 회로의 시간 상수(time constant) τ를 실험적으로 구해보고, 시간상수가 저항값 R과 축전용량 C에 대해 어떠한 의존성을 가지는지 고찰해봄으로써 시간상수의 의미를 이해한다.

2 이론

1. 충전 과정

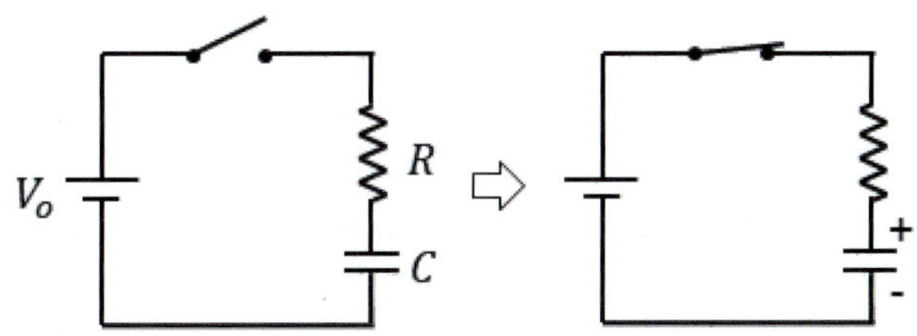

그림 5-1 | RC 회로 충전.

그림 5-1과 같이 축전기와 저항으로 이루어진 회로에서 초기상태로서 축전기에 축적된 전하량이 0이라고 가정하자. 스위치를 닫으면 전지의 직류전압 V_o에 의해 전하들이 이동하여 축전기의 양 극단에 쌓이기 시작하며 이것을 충전(charging)이라고 부른다.

시간이 지나면서 축전기 극판에 쌓이는 전하의 양이 증가할수록 나중에 축전기 극판으로 들어오려고 하는 전하들은 이미 기존에 쌓여있는 전하들의 쿨롱반발력에 의해 점점 더 축전기 극판으로 진입하기가 어려워진다. 시간이 충분히 흐른 뒤 극판에 쌓여있는 전하들에 의한 축전기 전압이 전지의 전압 V_o와 같아지게 되면 더 이상 전하의 흐름은 발생하지 않게 될 것이다. 즉, 전류는 0이 된다. 이 과정을 수식을 통해 알아보면, 임의의 시간 t인 시점에 흐르는 직류전류를 $I(=\frac{dQ}{dt})$, 그 순간에 축전기 양 극판에 쌓인 전하량의 크기를 Q라고 한다면, 키르히호프의 법칙에 의해 (일반물리학 교재 참조)

$$V_o = V_R + V_C = IR + \frac{Q}{C} = R\frac{dQ}{dt} + \frac{Q}{C} \tag{5-1}$$

이다. 여기서 V_R은 저항 R에 걸린 전압, V_C은 축전기 C에 걸린 전압을 나타낸다. 참고로 전지의 경우 초기전압 V_o는 전지가 폐회로 내에서 사용될 경우 시간이 지날수록 작아지지만 이러한 변화가 나타나기 까지는 매우 긴 시간이 걸리기 때문에 보통의 경우 이와 같은 전압강하 효과는 무시할 수 있다. (참고 : 전지의 지속능력을 나타내는 용량으로 amphere-hour라는 값이 있다.) 따라서 V_o는 상수로 가정한다. 초기상태, 즉 시간 $t=0$일 때 축전기 양 극판의 전하량의 크기는 $Q(t=0)=0$인 초기조건을 가진다.
5-1식의 일차미분방정식을 변수분리하여

$$RdQ + \frac{Q}{C}dt = V_o dt \quad \rightarrow \quad \frac{dQ}{CV_o - Q} = \frac{1}{RC}dt \tag{5-2}$$

양변을 적분하면

$$\int_0^Q \frac{dQ'}{CV_o - Q'} = \int_0^t \frac{1}{RC}dt' \tag{5-3}$$

이다. 양 변의 적분변수는 상이하지만 시간 $t=0$일 때 $Q(t=0)=0$, 임의의 시간 t일 때 전하량 $Q=Q(t)$라는 변수 간 대응관계가 성립한다. 적분 후 정리하여 Q를 구해보면

$$Q(t) = CV_o(1 - e^{-\frac{t}{RC}}) \tag{5-4}$$

이다. 회로를 흐르는 전류를 구해보면

$$I(t) = \frac{dQ}{dt} = \frac{V_o}{R} e^{-\frac{t}{RC}} \tag{5-5}$$

일반적으로 축전기 극판에 쌓이는 전하량 Q는 직접적인 측정을 통해서 구하기는 어렵고 축전기 양단의 전압 V_C를 측정한 후 $V_C = Q/C$ 를 이용하여 얻어내게 된다.

전류의 실험적인 측정방법은 저항 R에 걸린 전압 V_R을 측정하여 $I = V_R/R$ 관계식, 즉 옴의 법칙을 통해 구하는 것이 일반적이며, 좀 더 전문적인 측정 장비인 전류계(current meter)를 이용하기도 한다.

수식을 통해 구한 I로부터 V_R을 표현해보면

$$V_R(t) = IR = V_o e^{-\frac{t}{RC}} \tag{5-6}$$

이고, 수식을 통해 구한 Q로부터 V_C를 표현해보면

$$V_C(t) = Q/C = V_o(1 - e^{-\frac{t}{RC}}) \tag{5-7}$$

이다. 따라서 $V_R(t) + V_C(t) = V_o = constant$가 되는 것을 다시 확인해볼 수 있다. 축전기 양단에 걸리는 전압 V_C와 회로에 흐르는 전류 I를 시간에 대한 그래프로 표현해보면 그림 5-2와 같다.

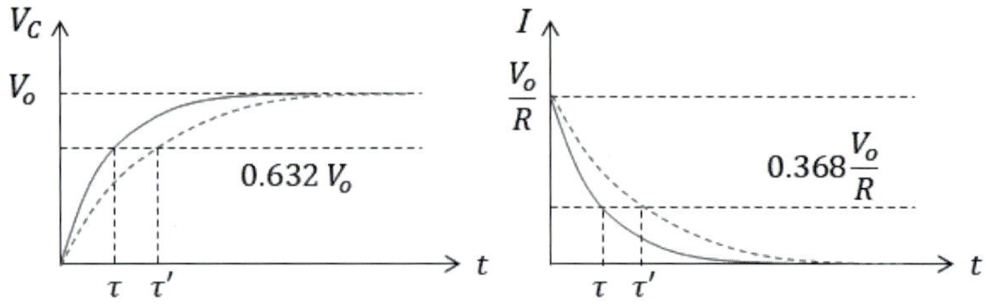

그림 5-2 | 충전과정에서의 축전기의 (a) 전압과 (b) 전류.

축전기의 전압 V_C가 얼마나 빨리 전지와 동등한 수준의 전압 V_o에 도달하는가를 표현할 필요가 있는데, V_C의 식 5-7에서의 지수함수의 지수값, 즉 $-t/RC$가 -1이 될 때까지 걸리는 시간을 시간상수 (time constant) τ 라고 하고 이 값을 충전속도의 지표로 삼는다.

$$e^{-\frac{\tau}{RC}} = e^{-1} = 0.368, \quad \tau = RC \tag{5-8}$$

따라서 시간이 최초 충전시작 시점부터 τ 시간만큼 지났을 때 축전기에 걸린 전압은

$$V_C(\tau) = V_o(1 - e^{-\frac{\tau}{RC}}) = V_o(1 - 0.368) = 0.632\,V_o \tag{5-9}$$

이다. 결론적으로 충전기 양단의 전압 V_C가 전지에 의한 RC 회로로의 입력전압 V_o의 63.2 %에 도달하기까지 걸리는 시간을 가지고 충전이 어느 정도로 빨리 된다는 기준을 삼을 수 있다.

축전용량 C가 클수록 더 많은 전하를 축적할 수 있기 때문에 완충이 되기까지는 시간이 더 걸릴 것이라는 직관적인 추정이 가능하다. 이것은 위에서 도출된 $\tau = RC$ 라는 관계식에 의해서도 축전용량 C가 클수록 기준값 $0.632\,V_o$에 도달하는 시간이 C에 비례하여 커진다는 것을 알 수 있다. 이렇게 두 가지 상이한 C값에 대한 충전전압 V_C의 시간에 대한 변화 양상이 그림 5-2(a)에 잘 나타나 있다.

이와 동등하게 전류 I에 대한 곡선에서도 같은 내용의 시간의존성을 확인할 수 있

다. 시간이 상당히 흐른 시점에서의 축전기 전압은 전지의 전압 V_o와 같아지고 이것은 저항 R의 양단에 걸리는 전압은 0인 것을 의미하며 따라서 이 상태에서의 전류 I는 0이다. 즉, 완충된 상태에서 회로에 흐르는 전류는 0이며 이 때 축전기에 축적된 전하량은 $Q = CV_o = Q_o$가 된다. 만약 전지의 전압 V_o를 변화시키면 이에 비례하여 축적된 전하량 Q_o도 변화하게 된다.

2. 방전 과정

앞에서의 충전과정을 통해 축전기가 완충($Q_o = CV_o$)되었다고 가정하고 직류전압원을 제거한 후 스위치를 닫아 회로를 연결하면 축적된 전하량 $+Q$와 $-Q$가 회로를 흐를 수 있는 경로가 만들어졌기 때문에 축전기의 전압 V_C에 의해 전하들은 축전기의 한쪽 극판에서 반대 전하가 머무르는 다른 쪽 극판을 향해서 흐르게 된다. (참고로 회로를 흐르는 실제 전하는 오직 전자뿐이다. $+Q$는 중성인 상태에 비해 전자들이 비어 있다는 것을 의미한다.)

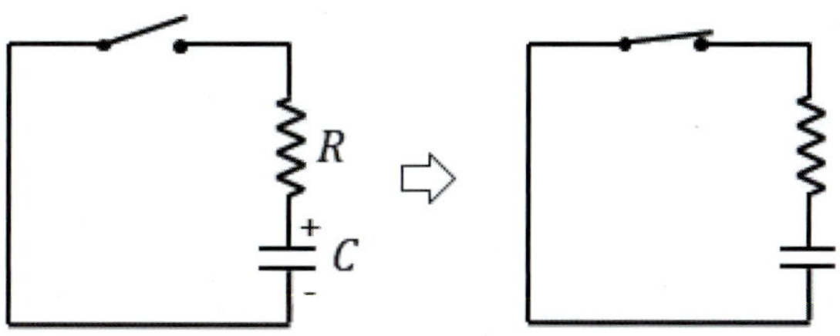

그림 5-3 | 충전되어있는 축전기의 방전.

이렇게 전하가 쌓여있던 축전기의 전하량이 줄어드는 과정을 방전(discharging)이라고 부른다. 방전이 시작되는 시점을 $t = 0$으로 잡고 이 때부터 시간 t가 흐른 임의의 시점에서의 충전기 상태를 살펴보면,

$$V = 0 = R\frac{dQ}{dt} + \frac{Q}{C} \tag{5-10}$$

이고 $Q(t=0) = Q_o = CV_o$의 초기값을 가진다. 변수 분리를 한 후 양변을 적분해보면

다음과 같다.

$$\frac{dQ}{Q} = -\frac{1}{RC}dt \quad \rightarrow \quad \int_{CV_o}^{Q} \frac{dQ'}{Q'} = \int_0^t \frac{1}{RC}dt'. \tag{5-11}$$

전하량 Q에 대해 정리해보면

$$Q(t) = CV_o e^{-\frac{t}{RC}} \tag{5-12}$$

이고 전류 I는

$$I(t) = \frac{dQ}{dt} = -\frac{V_o}{R}e^{-\frac{t}{RC}} \tag{5-13}$$

이다. 따라서 방전중인 축전기의 전압 V_C는

$$V_C(t) = V_o e^{-\frac{t}{RC}} \tag{5-14}$$

임을 알 수 있다. 축전기 전압 V_C와 회로에 흐르는 전류를 시간에 대해 그래프를 그려 보면 다음과 같다.

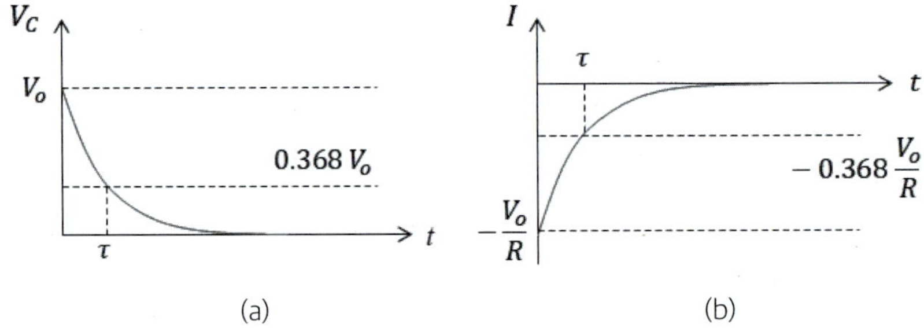

그림 5-4 | 방전과정에서의 축전기의 (a) 전압과 (b) 전류.

3. RC 시간상수 측정조건

충전과 방전 현상을 관찰하는 실험에서는 일정한 직류전압을 가해서 측정하는 것 보다는 사각파형(square wave)의 교류 전압의 연속적인 단락 전압을 가해주면 연속적인 충전과 방전을 관찰할 수 있다. 이러한 상황을 시간그래프로 나타내보면 그림 5-5와 같다.

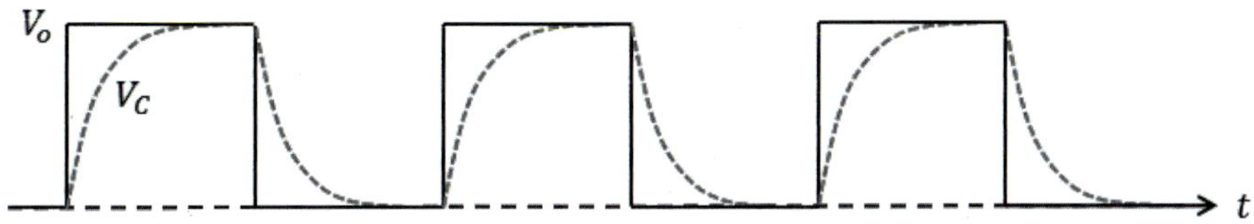

그림 5-5 | 사각파형 입력전압에 대한 축전기 충전전압의 반응.

주어진 R과 C값에 대해 입력되는 사각파형의 주파수 f가 위 그림에서의 주파수보다 클 경우 충전전압 V_C는 다음과 같은 반응을 보일 수 있다.

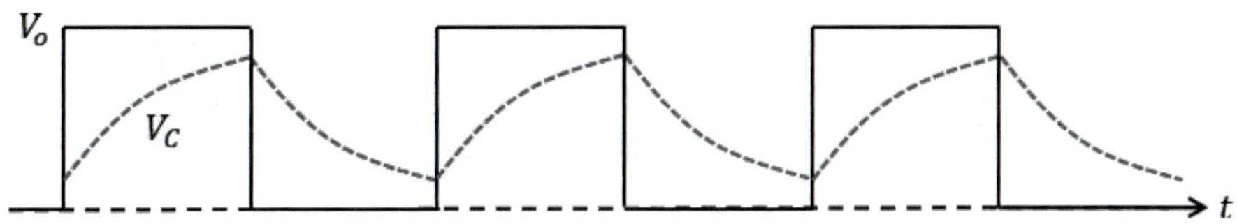

그림 5-6 | 사각파형 입력전압에 대한 축전기의 불완전한 충전과 방전.

따라서 축전기에 완전한 충전과 방전이 이루어지기 위해서는 실험에 사용되는 사각파형의 주파수는 RC회로의 시간상수 $\tau = RC$에 따라 적절하게 선택되어야 한다. 사용되는 사각파의 주파수 설정에 대한 기준을 살펴보자.

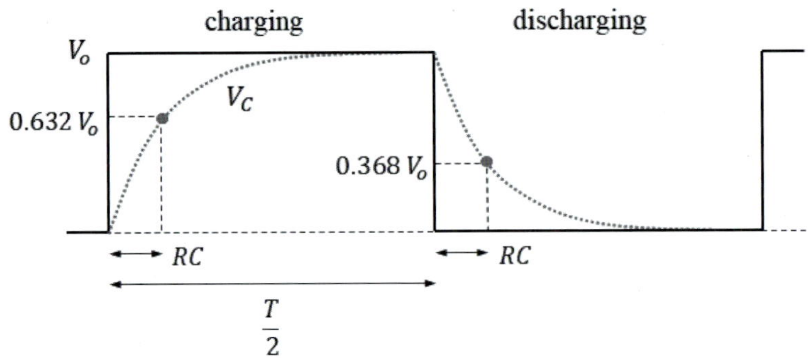

그림 5-7 | 사각파형의 입력전압 주파수와 시간상수 $\tau = RC$와의 상관관계.

그림 5-7에서 보는바와 같이 완전한 충전, 방전이 이루어지기 위해서는 사각파의 주기의 절반($T/2$)이 시간상수보다 충분히 커야 한다는 것을 알 수 있다. 이것을 정량화하여 표현해보면

$$\frac{1}{2}T = \frac{1}{2f_{square}} \geq 10RC \quad \rightarrow \quad f_{square} \leq \frac{1}{20RC} \tag{5-15}$$

와 같다. 실험적으로는 보통 $f_{square} \leq \frac{1}{10RC}$ 정도만 만족시켜도 충분하다.

참고로 RC 시간상수를 구하기 위해서 완전한 충전, 방전 조건이 필수인 것은 아니다.

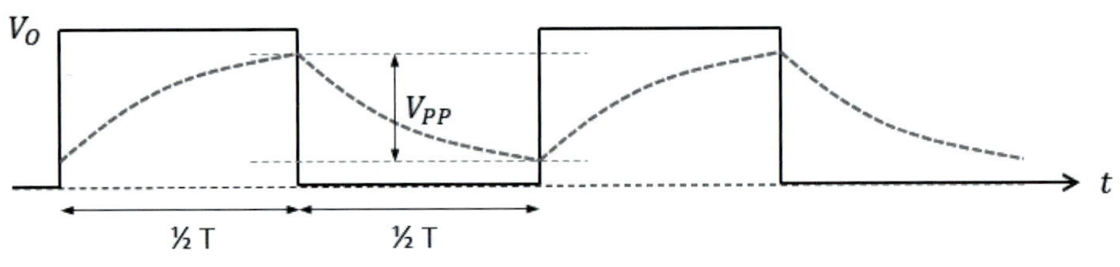

그림 5-8 | 사각파형 입력전압에 의한 불완전한 충전, 방전의 경우.

그림 5-8과 같이 f_{square}가 너무 빠르게 설정되어 불완전한 충전과 방전이 연속적으로 일어나는 경우를 통해서도 다음과 같은 수식을 통해 시간상수를 구할 수 있다.

$$\tau = RC = \frac{T}{2\ln\left(\dfrac{V_o + V_{PP}}{V_o - V_{PP}}\right)} \tag{5-16}$$

기회가 된다면 어떻게 위와 같은 수식이 유도될 수 있는지 살펴보기 바란다.

3 실험 장비

1. ScienceWorkshop 750 interface

그림 5-9 | 750 interface 장치.

2. 750 interface 전원공급기 (직류 $12\ V$, $1.5\ A$)

그림 5-10 | 750 interface용 전원.

3. 컴퓨터 연결용 USB 연결선

그림 5-11 | USB 연결선.

4. 705 interface 입력용 연결배선 BNC cable과 연결 클립

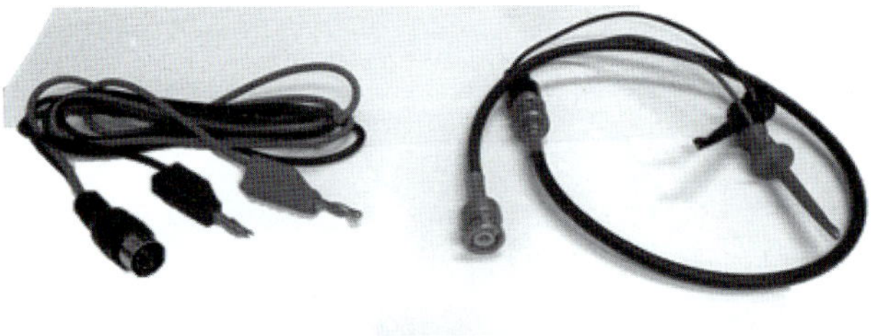

그림 5-12 | 회로연결용 배선들.

5. Breadboard

그림 5-13 | 회로구성용 breadboard.

6. 부품

$R = 1\,k\Omega,\ 2.2k\Omega,\ 10\,k\Omega$

$C = 0.1\,\mu F,\ 1\,\mu F,\ 10\,\mu F$

7. 실험용 컴퓨터

4 실험 과정

1. 회로 구성

   750 interface 장치와 breadborad를 이용하여 그림 5-14와 같은 회로를 구성한다. 실험에 쓰이는 사각파는 750 interface의 output 단자에서 공급된다.

   먼저 $R = 1\,k\Omega$, $C = 100\,nF$를 사용하여 회로를 구성한다.

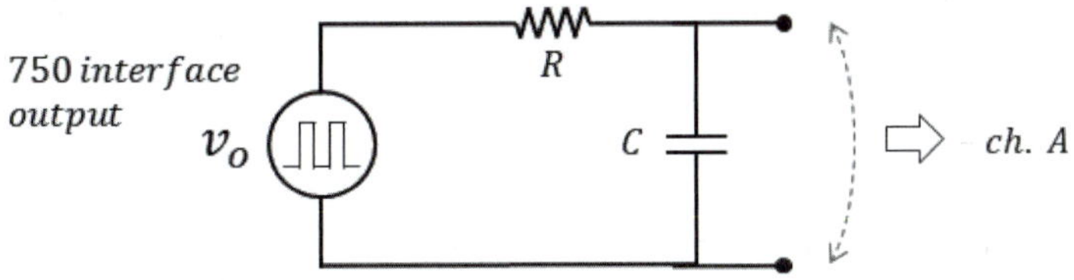

그림 5-14 | 충전, 방전 실험 회로.

2. 750 interface를 USB 연결선을 이용하여 컴퓨터에 연결한 후 전원을 켠다.
3. 컴퓨터의 바탕화면에 'RC circuit'이라는 Capstone 프로그램용 파일을 실행한다.
4. 프로그램 화면에서 750 interface의 output 단자 설정에서 진폭 V_o가 $2\,V$가 되도록 입력한다. 뒷부분에 나오는 실험 데이터 정리표를 보고 사용하는 부품들의 용량에 맞는 사각파의 주파수를 계산하여 입력한다.

   750 interface의 채널 A는 아날로그 입력단자로서 축전기 양단의 충전, 방전전압을 측정하는 전압계의 역할을 한다.

5. 프로그램 창의 상단에 있는 'Start' 버튼을 눌러 실험을 시작한다. 적당한 개수의 사각파가 얻어지면 'Stop' 버튼을 눌러 데이터 획득을 중단시킨다.
6. 충전, 또는 방전 영역에서 측정된 충전기의 전압곡선에 대해 프로그램에 내장된 fitting 기능을 이용하여 충전, 방전 함수에서의 RC값을 구하여 기록한다.
7. fitting 기능 이외에도 축전기의 전압이 충전의 경우 $0.63\,V_o$, 방전의 경우 $0.37\,V_o$가 되는 시간을 그래프에서 읽어 fitting에 의해 구해진 RC값과도 비교해 본다.

실험 5 | RC 회로의 충전과 방전 실험 데이터

※ 사용하는 부품들의 용량에 대해 본문 이론편에서 제시한 적절한 사각파의 주파수를 찾아내 실험한다. 각 부품들의 정확한 용량은 실험실에 비치된 LCR 미터를 사용하여 측정한다.

1. 저항 R을 변화시킬 때

$C = 100\,nF, \quad f = \qquad Hz$

실험	$R\ (\Omega)$	$\tau(s)$ (충전)	$\tau(s)$ (방전)	$RC\ (s)$ (이론값)	오차 (%)
1	$1\,k$				
2	$2.2\,k$				
3	$10\,k$				

2. 축전용량 C를 변화시킬 때

$R = 1\,k\Omega, \quad f = \qquad Hz$

실험	$C\ (\mu F)$	$\tau(s)$ (충전)	$\tau(s)$ (방전)	$RC\ (s)$ (이론값)	오차 (%)
1	0.1				
2	1				
3	10				

IC-PBL 과제

(1) 한양순양은 실험을 하다가 750 인터페이스가 고장이 나있는 것을 발견하였다. 실험주제는 시간상수 RC값을 측정하여 모르는 축전기 용량 C값을 알아내는 것이다. 그러나 장비가 고장난 상황에서 한양순양은 실험실 내에 오실로스코프와 파형발생기가 있는 것을 발견하였다. 750 인터페이스 장비 대신에 파형발생기와 오실로스코프를, 컴퓨터 모니터 대신에 오실로스코프의 측정화면을 이용할 수도 있겠다는 생각을 하게 된 한양순양은 즉시 대체 실험에 돌입했다.

과연 오실로스코프와 파형발생기를 어떻게 이용하여 앞에서와 같은 실험결과를 얻어낼 수 있을지 실험적으로 구현해보자.

(2) 연속된 사각파형을 RC회로에 입력하고 2채널 오실로스코프를 이용하여 저항 R에 걸리는 전압 V_R과 축전기 C에 걸리는 전압 V_C를 오실로스코프를 이용하여 측정해볼 수 있는 방법을 구상해보고, $V_o = V_R + V_C$임을 확인해보라.

이를 통해서 오실로스코프의 입력단자들과 750 인터페이스들의 입력단자가 어떠한 차이점이 있는지를 추론해보라.

(3) 다음과 같은 회로를 구성하고 오실로스코프로 측정되는 출력전압 v의 모양을 살펴보자. 어떻게 그러한 전압이 나타나는지를 설명해보라.

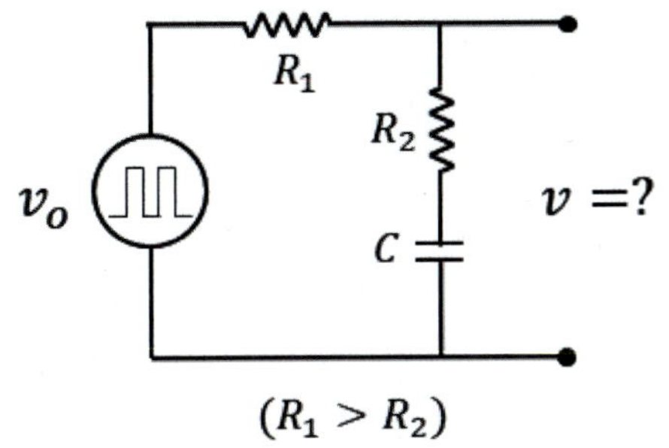

그림 5-15 | $R_2 + C$에 걸리는 전압의 측정.

참고

위 회로에서의 R_2는 축전기에 존재하는 ESR값, 즉 등가 직렬저항(equivalent series resistance)과 같은 기능을 한다. ESR값은 축전기 자체가 가지고 있는 저항값을 의미한다. 실제 축전기의 ESR값은 보통은 아주 작은 값을 가진다.

6. RLC 교류회로의 특성

1 실험 목적

저항 R, 유도코일 L, 축전기 C는 가해진 교류전압에 대해 각각 다른 양상의 전류반응을 나타낸다. 각 소자를 통해 발현된 교류전류의 크기(교류전류의 진폭값)는 직류에서의 옴의 법칙과 유사하게 소자의 용량들에 의해 결정된다. 본 실험에서는 입력교류전압, 발생된 교류전류, 소자의 용량들과의 상관관계를 살펴본다.

R, L, C 세 가지 소자로 구성된 회로를 RLC 회로라고 부르고, 이들을 직렬로 연결한 회로에 교류 입력전압이 가해졌을 때 발생한 교류전류의 위상과 크기가 각 소자의 용량에 의해 어떻게 결정되는가를 알아본다. 본 실험은 직류회로와는 다른 교류회로에서의 독특한 특성들을 알아보는 기회로서 중요한 의미를 가진다.

2 이론

1. 교류신호의 표현

(1) 개론

직류(DC) 전기신호의 경우 시간에 대해 일정한 값을 가지고 있고 그 크기는 영문 대문자를 이용하여 직류전압의 예를 들면 V로 나타낸다. 교류(AC)는 시간에 대해 주기적으로 크기의 방향이 바뀌는 신호를 의미한다. 대표적으로 sine, cosine과 같은 변화를 가지는 신호가 교류신호이다. 교류는 흔히 영문 소문자를 이용하여 표시하기도 한다. 교류전압의 경우 v로 표현한다.

이전에 다루어보았던 사각파형 역시 여러 가지 교류신호들 중의 하나인데, 푸리에 정리(Fourier theorem)에 의하면 이러한 사각파형도 수많은 sine, cosine 항들의 합으로 표현될 수 있기 때문에 교류의 이해는 특정한 단일 주파수를 가지는 sine 파형 하나를 가지고 여러 가지 특징적인 교류의 성질들을 살펴볼 수 있다. 따라서 본 교재에서는 교류신호라 함은 주로 정현파 사인파형(sinusoidal sine wave)을 의미한다. (참고 : sine, cosine은 수학적으로 동등한 표현이다.)

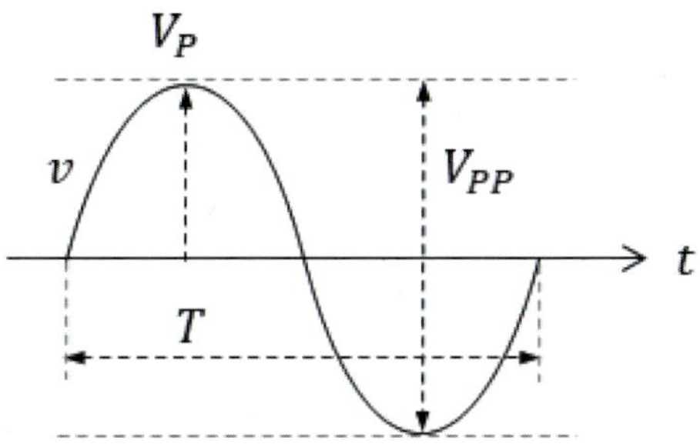

그림 6-1 | 교류 전압.

그림 6-1에 주어진 교류전압의 특징적인 용어들은 다음과 같다.

$v(t)$: 교류전압

V_P : 진폭(amplitude) 또는 피크 전압(peak voltage value)

V_{PP} : peak-to-peak 전압

T : 주기 (=f^{-1}, f는 주파수)

(2) 오일러 공식(Euler's formula)에 의한 교류신호의 표현

오일러라는 이름의 과학자는 역사적으로 여러 명이 있었지만 지금 언급하는 오일러는 Leonhard Euler(1707 - 1783, Swiss)를 가리킨다. 오일러 공식이라 함은

$$e^{j\theta} = \cos\theta + j\sin\theta \tag{6-1}$$

을 의미하며 실수와 허수는 독립된 수 체계라는 성질에 의해 위 표현은 2차원 좌표공간의 성질과 동등한 의미를 가지고 있다. 즉, $e^{j\theta} = \cos\theta + j\sin\theta = (\cos\theta, \sin\theta)$와 같은

좌표값의 역할을 할 수 있다. j는 i를 대신하는 허수(imaginary number)의 표현인데, i라는 문자가 전류를 의미하는 문자로 사용되기 때문에 혼동을 피하기 위하여 j라는 문자로 허수를 표현한다.

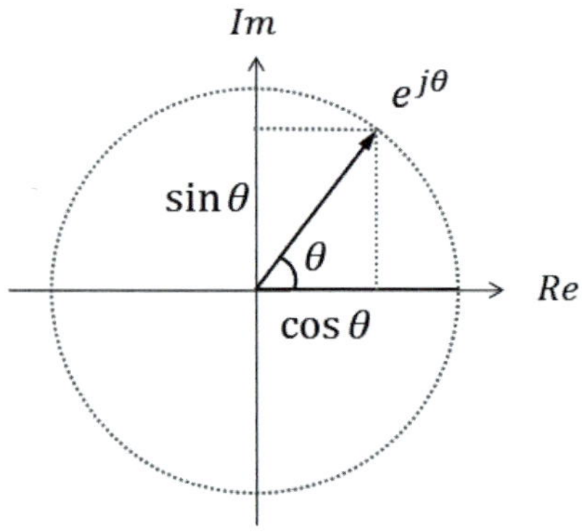

그림 6-2 | 오일러 복소평면.

진폭이 V_P이고 주파수가 f(각진동수 표현으로는 $\omega = 2\pi f$)인 교류전압 v는 다음과 같이 쓸 수 있다.

$$v(t) = V_P \cos\omega t = V_P \cos(2\pi f t) \tag{6-2}$$

이것을 오일러 공식을 이용하여 표현해보면 다음과 같다.

$$v(t) = V_P \cos\omega t = Re(V_P\, e^{j\omega t}) \tag{6-3}$$

$Re(X)$와 $Im(X)$는 각각 X의 실수와 허수 부분만을 취하겠다는 의미이다. 측정 가능한 물리량은 모두 실수이기 때문에 $v(t) = V_P\, e^{j\omega t}$ 라고 표현하더라도 이것이 식 6-2를 의미한다는 것을 유념한다면 교류전압 v는

$$v(t) = V_P\, e^{j\omega t} \tag{6-4}$$

라고 쓸 수 있다. 이러한 복소수 표현은 여러 가지 계산에 있어서 상당한 편리성을 제공하기 때문에 매우 유용한 표현이며, 추후 phasor diagram 표현법의 기초가 된다.

(4) 교류신호의 RMS (root-mean-square) 또는 실효값(effective value)

교류신호는 시간에 대해 연속적으로 변하는 값들을 가지기 때문에 그 크기를 나타냄에 있어서 앞서 살펴본 바와 같이 진폭으로 표기할 수 있다. 그러나 조금 더 물리적인 의미를 포함하도록 한다면 다음과 같은 표현방식이 가능하다. 전구 또는 발열선은 직류전압 또는 교류전압을 가함으로써 전기에너지를 공급하여 빛 또는 열을 발생시킨다. 특정한 진폭을 가진 교류전압이 시간에 대해 평균적으로 저항체에 전달하는 전기에너지와 동일한 양을 전달할 수 있는 직류전압을 생각할 수 있다. 즉, 어떤 교류전압 $v(t)$가 전달하는 전력과 같은 양의 전력을 공급할 수 있는 직류전압 값이 있을 것이다. 이 직류전압 값을 $v(t)$라는 교류전압을 나타내는 지표로 쓴다면 진폭으로 $v(t)$라는 교류전압을 표현하는 것과 대등한 또 하나의 교류전압 표현방법이 될 수 있다. 이 내용을 수식화 해보면

$$\overline{P_{AC}(t)} = \frac{\overline{v(t)^2}}{R} = \frac{V_{DC}^2}{R} = P_{DC} \tag{6-5}$$

이다. 따라서 $V_{DC} = \sqrt{\overline{v(t)^2}}$ 이며 이 값을 교류전압 $v(t)$에 대한 RMS 값, v_{RMS} 라고 부른다. 정현파 교류에 대해 시간평균은 한 주기에 대해서 구한 것이나 긴 시간간격에 대해서 구한 것이나 같기 때문에 한 주기에 대해서만 계산해보면

$$v_{RMS} \equiv \sqrt{\overline{v^2(t)}} = \sqrt{\frac{\int_0^T v^2(t)dt}{\int_0^T dt}} \tag{6-6}$$

이다. 우리가 가정에 공급되는 교류전압을 220 V라고 표현할 때 이 값이 바로 RMS값으로 나타낸 것이다.

2. 교류전압과 교류전류의 관계

(1) 저항 R에서의 전압과 전류

교류전압 v_i를 저항 R에 연결하면 저항을 통해 흐르는 교류전류 i_R이 생성될 것이다. 입력전압 $v_i(t) = V_P \sin\omega t = V_R \sin\omega t$에 대해 (저항 하나만 있는 회로이기 때문에 전원기기에서 공급되는 교류전압은 곧 저항 양단에 걸리는 전압이 된다)

$$v_i = v_R = i_R R = v_R \tag{6-7}$$

이고 여기서 옴의 법칙을 적용해보면

$$i_R = \frac{v_R}{R} = \frac{V_R}{R}\sin\omega t = I_R \sin\omega t, \quad \therefore I_R = \frac{V_R}{R} \tag{6-8}$$

이므로 저항을 통해 회로에 흐르는 전류의 진폭 I_R을 알 수 있다. 진폭 I_R과 V_R의 관계에서도 전형적인 옴의 법칙 $V_R = I_R R$이 성립함을 알 수 있다.

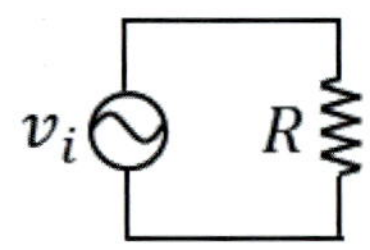

그림 6-3 | 저항 회로의 연결.

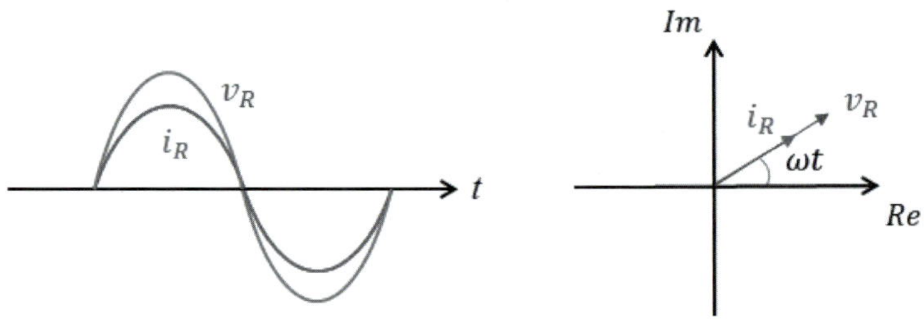

(a) (b)

그림 6-4 | 저항에 걸린 전압과 저항을 흐르는 전류의 위상관계. 전압과 전류는 물리적인 단위가 다른 물리량이기 때문에 직접적인 크기의 비교는 의미가 없다.

전압과 전류에 대한 수식에서 두 물리량의 위상차는 없기 때문에 그림 6-4(a)와 같은 오실로스코프 측정화면이 관측될 수 있고 이것을 phasor diagram으로 나타내보면 그림 6-4(b)와 같다. 그림 6-4에서의 전압과 전류에 대한 시각적 표현은 내용은 동등하나 조금 다른 측정에서의 차이가 있다. 그림 6-4(a)는 연속적인 시간의 변화에 따른 두 물리량의 변화를 시간영역에서 나타낸 것이고 그림 6-4(b)는 어떤 특정한 시각 t에서의 전압과 전류에 대한 복소평면에서의 표현이다. 엄밀하게는 그림 6-4(b)에서의 각각의 화살표의 허수축 Im에 대한 투영값들이 그림 6-4(a)에서의 시간 t인 순간(세로 점선)에서의 두 물리량의 값들에 해당한다. 시간 t는 양수로서 커지기 때문에 그림 6-4(b)에서의 phasor 들은 시간이 흐를 경우 반시계방향으로 일정하게 회전하는 양상을 나타낸다.

(2) 축전기 C에서의 전압과 전류

교류전압 v_i를 축전기 C에 연결하면 회로에 흐르는 교류전류 i_C가 형성될 것이다. 축전기의 경우 물리적 구조가 단절된 두 개의 전극판으로 구성된 경우이기 때문에 실제로 전하들이 축전기를 관통해서 흐르는 전류는 생성되지 않지만 가해진 전압이 교류전압이기 때문에 이 전압은 축전기 양 극판에 존재하는 전하들을 주기적으로 도선을 통해서 축전기 극판 밖으로 빼냈다가 다시 집어넣는 역할을 하기 때문에 마치 축전기를 통과하여 흐르는 교류전류가 존재하는 것처럼 볼 수 있다. (이러한 관점은 전자기학에서 displacement current라는 개념으로서 나타나며 더 깊이 있는 학습을 위해서는 참고자료들을 검색해보기 바란다.)

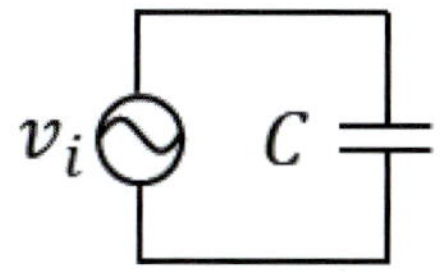

그림 6-5 | 축전기 회로의 연결.

입력전압 $v_i(t) = V_P \sin\omega t = V_C \sin\omega t = v_C$에 대해 (축전기 하나만 있는 회로이기 때문에 전원기기에서 공급되는 교류전압은 곧 축전기 양단에 걸리는 전압이 된다) 어떤 특정한 시간에 가해진 입력전압 v_i에 대해 축전기 극판에 축적된 전하량의 크기 q는

$$q = Cv_i = Cv_C = CV_C \sin\omega t \quad (6\text{-}9)$$

이고 축전기를 통해 흐르는 전류는 축전기 극판으로 흘러들어간 전류와 같기 때문에

$$i_C = \frac{dq}{dt} = \omega C V_C \cos\omega t = \omega C V_C \sin(\omega t + \frac{\pi}{2}) = I_C \sin(\omega t + \frac{\pi}{2}) \quad (6\text{-}10)$$

이므로 축전기를 통해 회로에 흐르는 전류의 진폭 I_C를 알 수 있다.

즉, $I_C = \omega C V_C$인데 여기서 앞선 저항회로에서 살펴본 바와 같이 진폭에서도 성립하는 옴의 법칙을 떠올려보면 $I_C = \omega C V_C = \frac{V_C}{X_C}$로 쓸 수 있고 X_C는 전압이 축전기에 가해졌을 때 발생하는 전류의 크기를 결정하는 요소로서 마치 저항과도 같은 개념으로 생각할 수 있다. 정리하면 축전용량 C를 가지는 축전기에 각진동수 ω인 교류전압이 가해졌을 때 발생하는 교류전류는 $X_C = \frac{1}{\omega C}$의 저항을 느낀다.

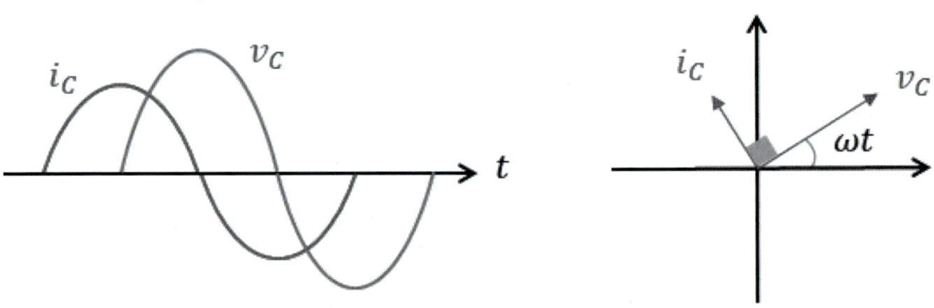

(a) (b)

그림 6-6 | 축전기에 걸린 전압과 축전기를 흐르는 전류의 위상관계.

앞선 경우처럼 그림 6-6(a)는 축전기 회로에서 오실로스코프로 교류전압과 교류전류를 동시에 측정해서 비교하는 화면이 될 수 있고 이에 대한 phasor diagram이 그림 6-6(b)에 나타나있다.

여기서 또 한 가지 생각해보아야 할 중요한 부분은 원래 가해진 교류전압의 진동부분, 즉 $\sin\omega t$에 대해 발생한 교류전류의 진동부분은 $\sin(\omega t + \frac{\pi}{2})$로서 위상이 $\frac{\pi}{2}$만큼

차이가 난다. 이 경우에 있어서 이러한 차이는, 교류전류 i_C는 교류전압 v_C에 대해 위상이 $\frac{\pi}{2}$만큼 앞선다, 또는 교류전압 v_C는 교류전류 i_C에 비해 위상이 $\frac{\pi}{2}$만큼 뒤쳐진다라고 표현한다. 그 이유는 그림 6-6(a)에서처럼 동일하게 sine 형태로 변하는 교류전류가 교류전압에 비해 시간적으로 더 빨리 나타나기 때문이다(위상이 앞선다). 위상차의 경우 그림 6-6(a)에서는 시간축을 기준으로 선후관계가 나타나있기 때문에 시간차를 위상차로 바꾸어보면

$$T : \Delta t = 2\pi : \Delta\phi \quad \rightarrow \quad \Delta\phi = \frac{2\pi}{T}\Delta t \tag{6-11}$$

이다. 따라서 오실로스코프 화면을 통해서 측정한 두 교류신호의 시간차 Δt를 가지고 위상차 $\Delta\phi$를 구할 수 있다. 위상차를 radian 표현에서 각도 단위로 바꾸어보면

$$\Delta\phi = \frac{360^\circ}{T}\Delta t \tag{6-12}$$

이다.

우리는 앞에서 교류전압을 오일러 공식을 이용해 복소수 표현으로도 나타낼 수 있다는 것을 알아보았다. 복소수 표현을 이용해 축전기 회로에서의 교류전압과 교류전류의 관계를 기술해보면

$$v_C = V_C \sin\omega t = V_C \cos(\omega t - \frac{\pi}{2}) \quad \rightarrow \quad v_C = V_C\, e^{j(\omega t - \pi/2)} \tag{6-13}$$

$$i_C = \omega C V_C \cos\omega t = \frac{1}{X_C} V_C \cos\omega t = \frac{1}{X_C} V_C\, e^{j\omega t} \tag{6-14}$$

이다. 따라서

$$v_C = V_C\, e^{j\omega t}\, e^{-\pi/2} = \frac{1}{\omega C} i_C (-j) = \frac{1}{j\omega C} i_C \tag{6-15}$$

이다. 진폭관계에서 성립하는 옴의 법칙을 교류전압, 교류전류의 복소수 표현에 대해 확장해보면 위 식에서 $\frac{1}{j\omega C}$ 항이 저항으로 해석될 수 있다. 또한 $\frac{1}{j\omega C} = -\frac{j}{\omega C} = \frac{1}{\omega C} e^{-\pi/2}$ 이므로 위상관계는 다음과 같다.

$$phase\,[v_C] = phase\,[\frac{1}{j\omega C} i_C] = phase\,[\frac{1}{j\omega C}] + phase\,[i_C] = -\frac{\pi}{2} + phase\,[i_C] \tag{6-16}$$

따라서 $\frac{1}{j\omega C}$ 항은 위상차이도 포함하면서 교류전압과 교류전류사이의 관계식을 이룬다. 그러므로 $\frac{1}{j\omega C}$ 항 자체를 복소수 표현으로 나타낸 축전기에서의 교류에 대한 저항의 개념으로 생각할 수 있다. $\frac{1}{j\omega C}$ 를 용량형 반응저항(capacitive reactance)이라 하며 넓은 의미에서 교류회로에서의 저항, 즉 임피던스(impedance)의 한 종류이다.

이제 복소수 표현을 처음부터 사용하여 교류전압과 교류전류를 다루어보자. $v_C = V_C \sin\omega t$ 라는 실수표현을 복소수 표현으로 대체하면 $v_C = V_C\, e^{j(\omega t - \pi/2)}$ 이다.

$$\begin{aligned} i_C &= \frac{dq}{dt} = \frac{d}{dt} C v_C = C\frac{d}{dt} v_C = C\frac{d}{dt} V_C\, e^{j(\omega t - \pi/2)} = j\omega C V_C\, e^{j(\omega t - \pi/2)} \\ &= \frac{v_C}{\frac{1}{j\omega C}} = \frac{v_C}{X_C} \end{aligned} \tag{6-17}$$

이므로 복소수 표현의 유용함과 단순함을 확인할 수 있다.

(3) 유도기 L에서의 전압과 전류

유도기는 코일 형태로 이루어진 부품을 말한다. 전선으로 감겨진 코일에서는 교류전압이 가해졌을 때 패러데이의 유도현상이 나타나기 때문에 코일을 유도기라고도 부른다. 전선의 경우 일반적으로 저항이 매우 작다고 가정하기 때문에 직류전압이 유도기에 가해졌을 때는 전자석과 같은 역할을 한다. 그러나 교류전압이 가해지면 전압에 의해 발생한 교류전류의 방향이 주기적으로 바뀌므로 렌츠의 법칙에 의해 전류변화의 반대 방향으로 유도전류가 생성되며 이것은 교류전류의 흐름을 방해하는 저항효과처럼 느껴진다.

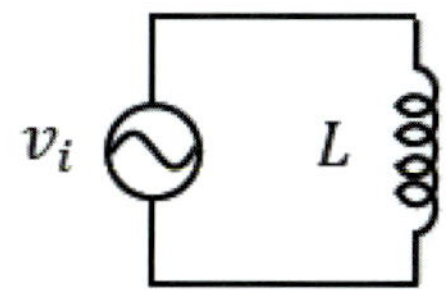

그림 6-7 | 유도기 회로의 연결.

입력전압 $v_i(t) = V_P \sin\omega t = V_L \sin\omega t = v_L$에 대해 유도기 하나만 있는 회로이기 때문에 전원기기에서 공급되는 교류전압은 곧 유도기 양단에 걸리는 전압이 된다. 유도기에 전압이 가해지면 전류가 흐르게 되고 이 전류는 유도기 양단에 유도기전력 $L\frac{di_L}{dt}$이 발생한다. (Faraday의 유도법칙.) 그림 6-7 회로에서는 이것이 곧 v_i와 같기 때문에 $v_i = v_L = L\frac{di_L}{dt}$이다.

입력전압을 복소수 표현으로 바꾸어보면 $v_L = V_L\ e^{j(\omega t - \pi/2)}$이므로

$$v_L = L\frac{di_L}{dt} \quad \rightarrow \quad i_L = \int \frac{v_L}{L}dt = \frac{1}{L}\int V_L\ e^{j(\omega t - \pi/2)}dt = \frac{1}{j\omega L}V_L\ e^{j(\omega t - \pi/2)} = \frac{v_L}{j\omega L} \tag{6-18}$$

따라서 유도기에서의 교류전류는 $j\omega L$이라는 저항효과를 느끼게 되며 유도기에서의 교류에 대한 저항으로서

$$X_L = j\omega L \tag{6-19}$$

으로 표현할 수 있고 이것을 유도형 반응저항(inductive reactance)이라고 부른다. 6-18식으로부터 교류전압의 진폭과 교류전류의 진폭 사이에는

$$V_L = I_L \omega L = I_L X_L \tag{6-20}$$

의 관계가 성립한다. 6-19식에서의 X_L은 복소수로 표현된 유도기의 임피던스이고, 식 6-20에서의 X_L은 실수값으로 표현된 유도기의 임피던스의 크기이다.

한편 6-18식에 근거하여 유도기의 교류전압과 교류전류의 위상관계를 살펴보면 아래 그림과 같다. 유도기의 경우, 교류전류 i_L은 교류전압 v_L에 대해 위상이 $\frac{\pi}{2}$만큼 뒤쳐진다, 또는 교류전압 v_L은 교류전류 i_L에 비해 위상이 $\frac{\pi}{2}$만큼 앞선다라고 표현한다.

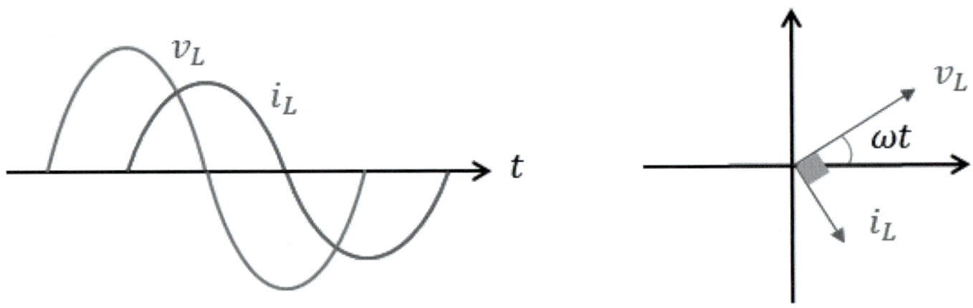

(a) (b)

그림 6-8 | 유도기에 걸린 전압과 유도기를 흐르는 전류의 위상관계.

(4) RLC 직렬연결 회로

다음과 같이 저항 R, 축전기 C, 유도기 L이 직렬로 연결된 회로에 교류전압이 가해진 경우를 생각해보자. 이 회로는 직류와는 상당히 다른 교류전기의 특성들을 살펴보는 데 있어서 기본이 되는 중요한 회로이다.

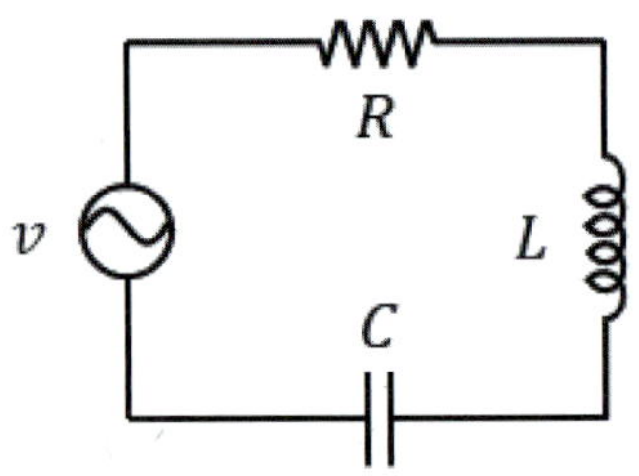

그림 6-9 | 저항기, 축전기, 유도기가 직렬로 연결된 회로.

지금부터 살펴볼 내용은 이 회로에 교류입력전압 v를 가했을 때 발생하는 전류와 저항기, 축전기, 유도기 각각의 부품에 걸리는 전위차를 알아보고 각 부품에 걸리는 전압의 위상이 전류와 입력전압 v에 대해 어떤 변화를 가지는지 이해해볼 것이다. 먼저 앞서 살펴본 각각의 부품들에서의 전류와 전압의 위상관계를 다시 한 번 정리해보면 다음 6-10 그림과 같다.

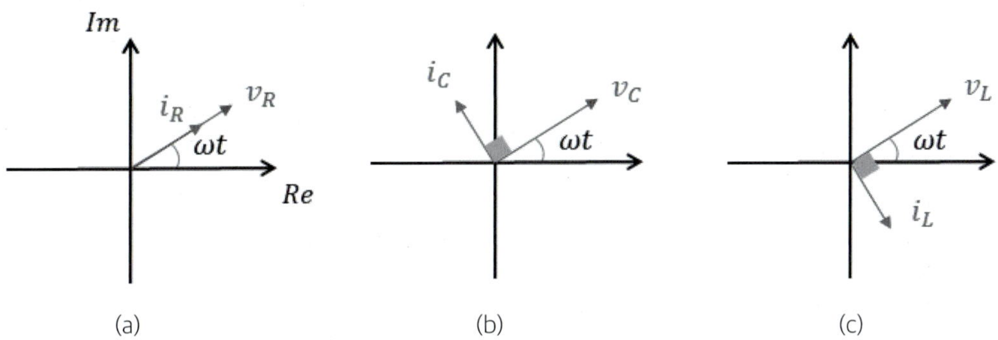

그림 6-10 | (a) 저항기, (b) 축전기, (c) 유도기에서의 전류와 전압 간 위상관계.

이 세 부품들은 그림 6-9와 같이 직렬로 연결되어 있다. 따라서 전압 소스(전압공급기)로부터 흘러나온 전류는 모든 부품들을 통과해서 (앞서 살펴본 바와 같이 축전기에서는 displacement current의 개념으로 이해한다) 흐른 후 다시 전압 소스로 귀환하기 때문에

$$i(t) = i_R(t) = i_L(t) = i_C(t) \tag{6-21}$$

가 성립한다. 따라서 공통적으로 흐르는 전류를 기준으로 i, v_R, v_L, v_C 의 위상을 정리해보면 다음과 같다.

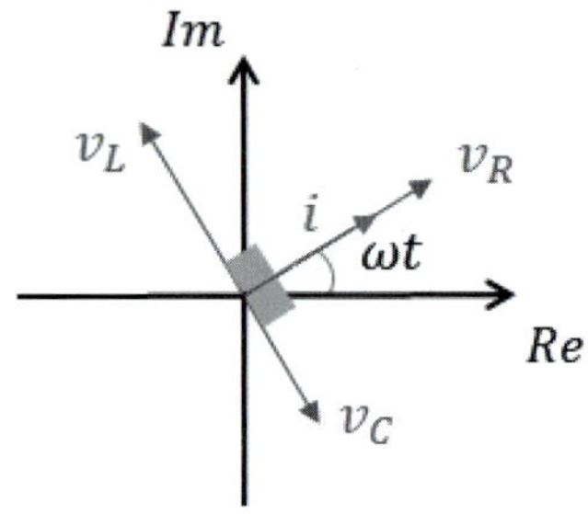

그림 6-11 | RLC 직렬연결 회로에서의 i, v_R, v_L, v_C 의 위상관계.

각 부품에 걸리는 전압은 옴의 법칙을 따라 각 부품의 임피던스에 의해 결정된다. 각 전압의 크기(amplitude)를 살펴보면

$$V_R = IR \tag{6-22}$$

$$V_L = IX_L = I\omega L \tag{6-23}$$

$$V_C = IX_C = \frac{I}{\omega C} \tag{6-24}$$

이다.

한편 전압 소스로부터 공급된 입력전압 v는 세 부품이 나누어 가지게 되므로

$$v = v_R + v_L + v_C \tag{6-25}$$

이 성립한다. phasor diagram 상에서 교류신호들의 복소수 표현은 벡터의 성질을 가지므로 그림 6-11로부터 입력전압 v를 찾아낼 수 있다.

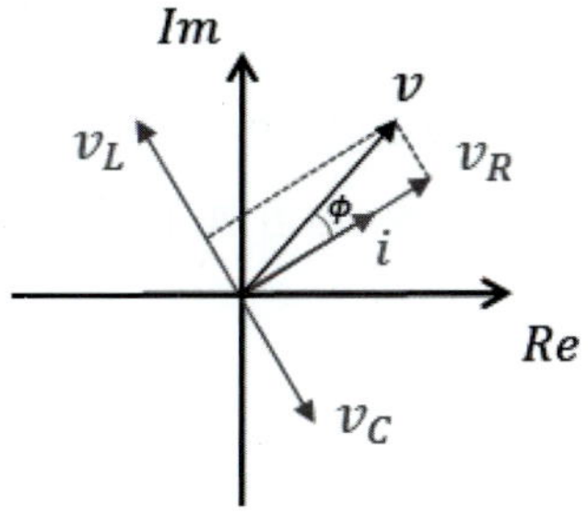

그림 6-12 | RLC 직렬연결 회로에서의 v, i, v_R, v_L, v_C 의 위상.

그림 6-12에서 볼 수 있듯이 전원 전압 v의 크기 V는

$$V=\sqrt{V_R^2+(V_L-V_C)^2}=I\sqrt{R^2+(X_L-X_C)^2} \tag{6-26}$$

이며 전압의 크기와 전류의 크기에 관한 옴의 법칙을 고려해보면 $\sqrt{R^2+(X_L-X_C)^2}$은 RLC 직렬연결 교류회로에서 저항의 역할을 한다고 볼 수 있다. 따라서 이 값을 RLC 직렬연결 교류회로에서의 임피던스 Z라고 한다. (엄밀하게는 임피던스의 크기이다.) 이것은 당연히 저항의 단위를 가지는 값이다.

$$Z=\sqrt{R^2+(X_L-X_C)^2}=\sqrt{R^2+(\omega L-\frac{1}{\omega C})^2} \tag{6-27}$$

$$V=IZ \tag{6-28}$$

다음 질문으로는 전원 소스로부터 공급되는 전압 v와 회로를 흐르는 전류 i 사이의 위상차 ϕ를 그림 6-12를 근거로 구해보면

$$\tan\phi=\frac{V_L-V_C}{V_R}=\frac{X_L-X_C}{R}=\frac{\omega L-\frac{1}{\omega C}}{R} \tag{6-29}$$

임을 알 수 있다.

(5) RLC 직렬연결 회로 – 복소수 표현

여기서는 앞의 (4)항에서 살펴본 임피던스와 관련한 부분들을 복소수 표현을 통해서 다시 살펴본다. 앞에서 살펴본 결과들을 정리해보면 각 부품들에서의 복소수 임피던스 표현은 다음과 같다.

$$X_L = j\omega L \tag{6-30}$$

$$X_C = \frac{1}{j\omega C} \tag{6-31}$$

따라서 직렬연결 직류회로에서의 저항값은 모든 저항값들의 합이라는, 우리가 이미 알고 있는 내용을 상기하여 직렬연결 교류회로에도 적용하여 보면 복소수 표현의 임피던스 Z는

$$Z = R + X_L + X_C = R + j\omega L + \frac{1}{j\omega C} = R + j(\omega L - \frac{1}{\omega C}) \tag{6-32}$$

라고 쓸 수 있고 임피던스 Z의 크기는

$$|Z| = \sqrt{R^2 + (\omega L - \frac{1}{\omega C})^2} \tag{6-33}$$

이다. 이것은 6-27식과 일치하는 결과이다.
6-32식을 조금 더 살펴보면

$$Z = R + j(\omega L - \frac{1}{\omega C}) = |Z|\, e^{j\phi}, \quad \tan\phi = \frac{\omega L - \frac{1}{\omega C}}{R} \tag{6-34}$$

로서 복소수 임피던스 표현 Z(식 6-32)가 전압과 전류 사이의 위상차 ϕ를 포함하고 있는 것을 알 수 있다.

참고 실수 a, b에 대해 복소수 c는 $c=a+jb$라 하자.

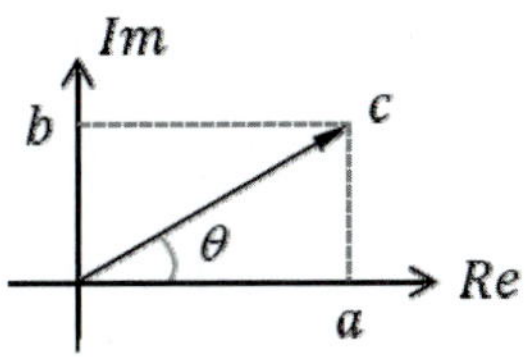

$$c=a+jb=\sqrt{a^2+b^2}\left(\frac{a}{\sqrt{a^2+b^2}}+j\frac{a}{\sqrt{a^2+b^2}}\right)$$
$$=\sqrt{a^2+b^2}\,(\cos\theta+j\sin\theta)=\sqrt{a^2+b^2}\,e^{j\theta}=|c|e^{j\theta} \quad (6\text{-}35)$$

입력 전압이 $v(t)=Ve^{j\omega t}$로 주어진다고 가정하자. 그렇다면 회로에 흐르는 전류 i의 복소수 표현은

$$i=\frac{v}{Z}=\frac{V}{|Z|}e^{j(\omega t-\phi)} \quad (6\text{-}36)$$

이고 각 부품에 걸린 전압의 복소수 표현들은 아래 수식들과 같다.

$$v_R=iR=\frac{v}{|Z|}e^{-j\phi}R=\frac{RV}{|Z|}e^{j(\omega t-\phi)} \quad (6\text{-}37)$$

$$v_L=L\frac{di}{dt}=\frac{LV}{|Z|}j\omega\,e^{j(\omega t-\phi)}=\frac{\omega LV}{|Z|}e^{j(\omega t-\phi+\frac{\pi}{2})}\quad(j=e^{j\frac{\pi}{2}}) \quad (6\text{-}38)$$

$$v_C=\frac{Q}{C}=\frac{1}{C}\int i\,dt=\frac{V}{C|Z|}\frac{1}{j\omega}e^{j(\omega t-\phi)}=\frac{V}{\omega C|Z|}e^{j(\omega t-\phi-\frac{\pi}{2})} \quad (6\text{-}39)$$

이 수식들의 내용이 그림 6-12의 phasor diagram에 함축되어있다.

(6) 공명 (resonance)

크기가 진폭 V인 입력전압이 가해진 RLC 직렬연결 교류회로에서의 전류의 크기는 6-26식과 6-28식으로부터

$$I = \frac{V}{Z} = \frac{V}{\sqrt{R^2 + (\omega L - \frac{1}{\omega C})^2}} \quad (6\text{-}40)$$

이다. 여기서 Z가 복소수로서의 임피던스인지 아니면 임피던스의 크기인지가 혼동될 수 있는데, 그것은 해당 표현이 사용된 수식을 보고 판단한다. 이 경우는 전압의 크기 V (실수), 전류의 크기 I (실수) 가 포함된 식이므로 Z는 임피던스의 크기를 의미한다. 고정된 크기를 가진 V, R, L, C에 대해 전류의 크기는 입력전압의 주파수 f ($\omega = 2\pi f$)에 의존하기 때문에 전류의 진폭 I가 최대화, 즉 6-40식의 분모가 최소화가 되는 f가 존재하며 그러기 위해서는 $\omega L - \frac{1}{\omega C} = 0$ 이어야 한다. 이 때 ω는

$$\omega = \frac{1}{\sqrt{LC}} \quad (6\text{-}41)$$

이며, 주파수로는

$$f = \frac{1}{2\pi\sqrt{LC}} \quad (6\text{-}42)$$

이다. 이것을 직렬 RLC회로에서의 공명진동수(resonance frequency)라고 한다. 이러한 공명현상은 라디오에서 특정 방송국 주파수에 맞추어졌을 때 신호가 커져서 들리게 되는 원리이기도 하다.

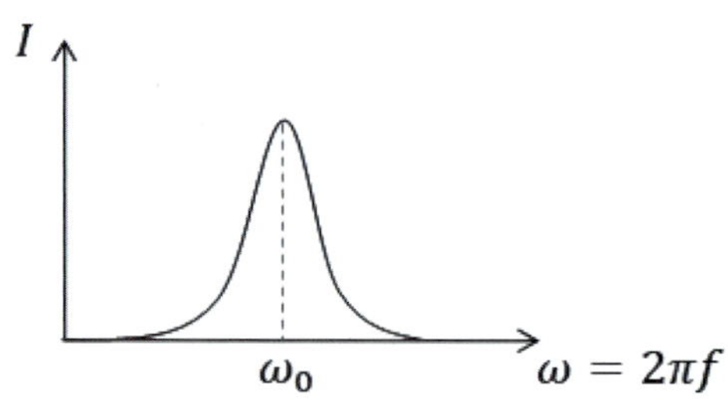

그림 6-13 | RLC 직렬연결 회로에서의 전류 공명현상.

6-42식에 의하면 L 또는 C의 용량을 바꾸면 특정한 방송국의 주파수 f에 맞출 수 있다. 유도기는 전선이 감긴 코일 형태여서 용량을 변화시키기 어렵기 때문에 일반적으로 가변용량 축전기를 사용하여 C의 용량을 바꾼다. 가변용량 축전기의 모습은 그림 6-14와 같다.

그림 6-14 | 가변용량 축전기 부품.

3 실험 장비

1. ScienceWorkshop 750 interface

그림 6-15 | 750 interface 장치.

2. 750 interface 전원공급기 (직류 $12\ V$, $1.5\ A$)

그림 6-16 | 750 interface용 전원.

3. 컴퓨터 연결용 USB 연결선

그림 6-17 | USB 연결선.

4. 705 interface 입력용 연결배선 BNC cable과 연결 클립

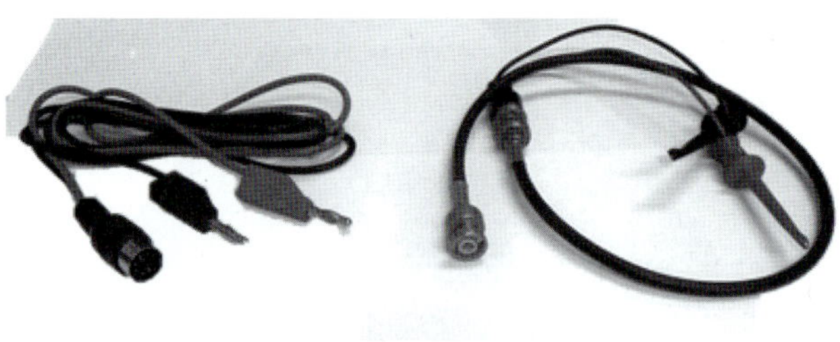

그림 6-18 | 회로연결용 배선들.

5. Breadboard

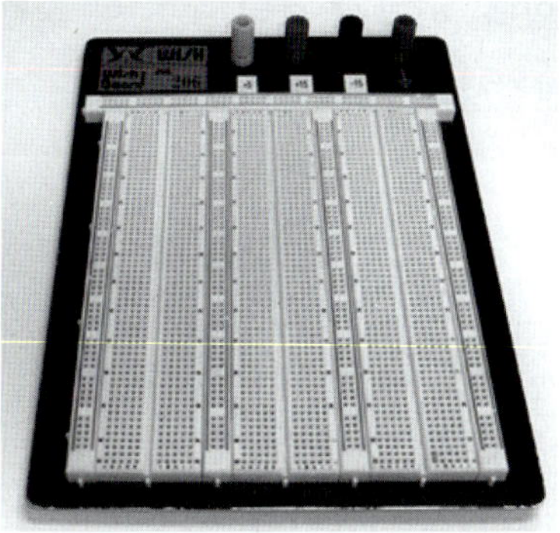

그림 6-19 | 회로구성용 breadboard.

6. 부품

$R = 100\,\Omega,\ 1\,k\Omega$

$L = 10\,mH$

$C = 10\,\mu F$

7. 실험용 컴퓨터

4 실험 과정

저항 회로

1. 750 interface를 USB 연결선을 이용하여 컴퓨터에 연결한 후 전원을 켠다.
2. 그림 6-20과 같이 교류전압이 저항 $R = 100\,\Omega$에 가해질 때 흐르는 교류전류와 전압을 비교하는 회로를 구성한다. 그림에서 (A)는 전류측정기를 의미한다. 대부분의 실험에서는 작은 전류가 흐르기 때문에 전류증폭기를 사용한다. 실험에서는 750 interface가 output 단자를 통해서 교류전압을 가함과 동시에 750 interface

내부에서 output 단자의 signal return(ground 선)으로 입력되는 전류를 측정할 수 있게 되어있다. 즉, 750 interface의 output 단자는 전압공급기인 동시에 전류 측정기의 역할을 하고 있다. 따라서 그림 6-20의 회로는 750 interface를 사용하여 그림 6-21과 같이 연결할 수 있다.

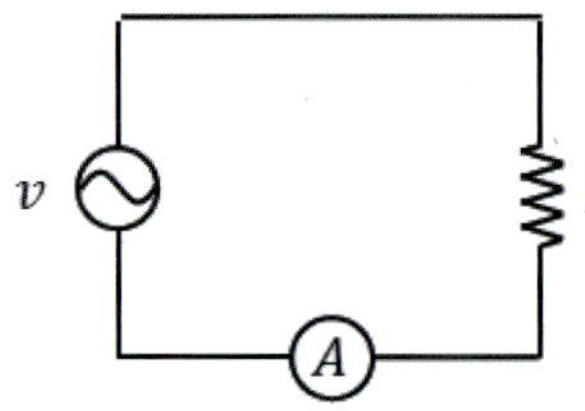

그림 6-20 | 저항회로의 전압과 전류 측정회로.

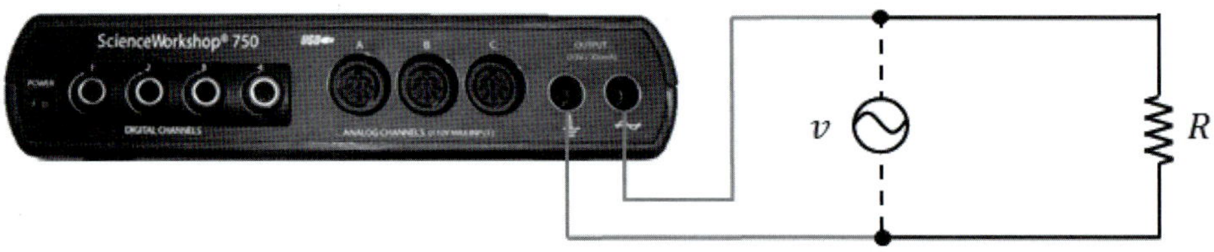

그림 6-21 | 750 interface와 저항 회로의 연결도.

750 interface의 output 단자를 통한 전류측정에서의 resolution은 $0.25\,mA$로 좋은 편은 아니다. 즉, $0.25\,mA$ 단위로 전류를 측정할 수 있다는 것을 의미한다. 예를 들면 $100\,\Omega$의 저항에 $2\,V$가 가해지면 전류의 진폭은 $20\,mA$로 $0.25\,mA$ 단위로 80개의 step을 가지는데 비해 $1\,k\Omega$ 저항에 대해서는 전류의 진폭이 $2\,mA$로 8개 정도의 step만 가지게 되므로 눈에 띄게 계단형 모양의 사인파 전류형태로 보여진다. $100\,\Omega$ 저항을 측정한 후 $1\,k\Omega$ 저항을 사용하여 확인해보기 바란다.

이러한 step이 발생하는 이유는 아날로그 신호를 측정하여 디지털 방식으로 처리하게 되는 과정에서 analog-to-digital converter라는 부품을 사용하게 되는데, 디지털 방식의 특성상 연속적인 값이 아닌 일정구간(1개의 step간격 안에서)내의 값을 하나의 동일한 값으로 인식하는 특징이 있기 때문이다.

한편 750 interface는 아날로그 입력단자 A, B, C를 이용해서도 프로그램 상 전류측정의 기능을 제공하지만 별도의 전류측정 센서를 사용하여야 한다. 본 실험에서는 전류측정 센서는 사용하지 않는다.

3. 컴퓨터의 바탕화면에 'R circuit.cap'라는 Capstone 프로그램용 파일을 실행한다. 프로그램 화면의 왼쪽 세로 메뉴바에서 'signal generator' 버튼을 누르고 750 interface의 output 단자 설정에서 신호발생기의 진폭 V_o가 $2\,V$, 주파수는 $100\,Hz$의 사인파로 설정한다.
4. 프로그램 창의 하단 왼쪽에 있는 'Monitor' 버튼을 눌러 실험을 시작한다. 1~2 주기의 사인파가 관측되도록 가로 시간축을 조절한 후 'Stop' 버튼을 눌러 측정을 종료한다. scope 화면상에서 측정된 전류의 진폭과 전압과의 위상차를 읽어서 기록한다. 위상차는 식 6-11, 식 6-12를 참고하고 전류와 전압사이의 위상의 전후관계를 함께 파악한다.

   측정 시 사인파가 좌우로 흔들리는 경우 그래프 상단의 메뉴에서 트리거 기능을 사용해서 안정화시킨다.
5. 측정된 화면의 scope 그래프를 캡쳐하여 보관하고 실험리포트 작성 시 참고한다.

축전기 회로

1. 그림 6-22와 같이 교류전압이 축전기 $C = 10\,\mu F$에 가해질 때 흐르는 교류전류와 전압을 비교하는 회로를 구성한다.

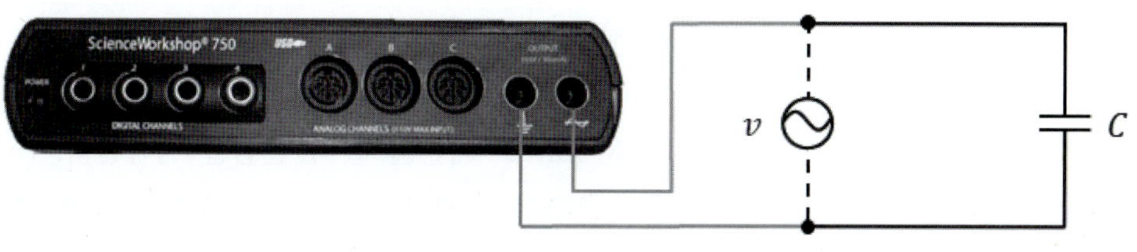

그림 6-22 | 750 interface와 축전기 회로의 연결도.

2. 컴퓨터의 바탕화면에 'C circuit.cap'라는 Capstone 프로그램용 파일을 실행한다. 프로그램 화면의 왼쪽 세로 메뉴바에서 'signal generator' 버튼을 누르고 750 interface의 output 단자 설정에서 신호발생기의 진폭 V_o가 $2\,V$, 주파수는 $100\,Hz$의 사인파로 설정한다.

3. 프로그램 창의 하단 왼쪽에 있는 'Monitor' 버튼을 눌러 실험을 시작한다. 1~2 주기의 사인파가 관측되도록 가로 시간축을 조절한 후 'Stop' 버튼을 눌러 측정을 종료한다. scope 화면상에서 측정된 전류의 진폭과 전압과의 위상차를 읽어서 기록한다.
4. 측정된 화면의 scope 그래프를 캡쳐하여 보관하고 실험리포트 작성 시 참고한다.

유도기 회로

1. 그림 6-23과 같이 교류전압이 유도기 $L = 10\,mH$에 가해질 때 흐르는 교류전류와 전압을 비교하는 회로를 구성한다.
2. 컴퓨터의 바탕화면에 'L circuit.cap' 라는 Capstone 프로그램용 파일을 실행한다. 프로그램 화면의 왼쪽 세로 메뉴바에서 'signal generator' 버튼을 누르고 750 interface의 output 단자 설정에서 신호발생기의 진폭 V_o가 $2\,V$, 주파수는 $100\,Hz$의 사인파로 설정한다.

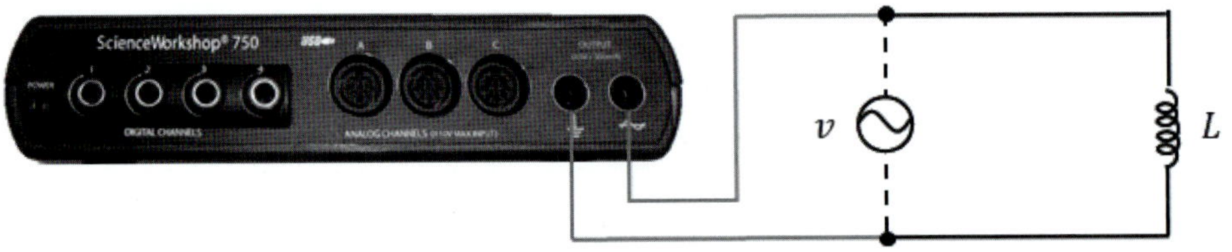

그림 6-23 | 750 interface와 유도기 회로의 연결도.

3. 프로그램 창의 하단 왼쪽에 있는 'Monitor' 버튼을 눌러 실험을 시작한다. 1~2 주기의 사인파가 관측되도록 가로 시간축을 조절한 후 'Stop' 버튼을 눌러 측정을 종료한다. scope 화면상에서 측정된 전류의 진폭과 전압과의 위상차를 읽어서 기록한다.
4. 측정된 화면의 scope 그래프를 캡쳐하여 보관하고 실험리포트 작성 시 참고한다.
5. 측정이 끝났으면 화면 상단의 'Stop'을 눌러 프로그램 작동을 중지시킨다.

RLC 회로의 공명 측정

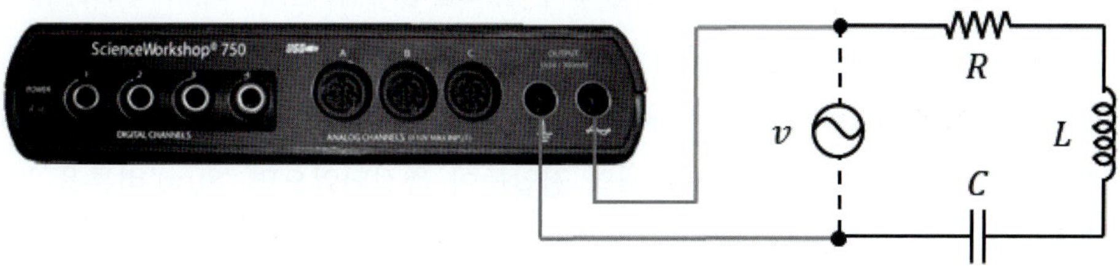

그림 6-24 | 750 interface와 RLC 회로의 연결도.

1. 그림 6-24와 같이 교류전압이 $R=100\,\Omega$, $L=10\,mH$, $C=10\,\mu F$인 RLC 회로에 가해질 때 흐르는 교류전류와 전압을 비교하는 회로를 구성한다.
2. 컴퓨터의 바탕화면에 'RLC Resonance Curve.cap'라는 Capstone 프로그램용 파일을 실행한다. 프로그램 화면의 왼쪽 세로 메뉴바에서 'signal generator' 버튼을 누르고 750 interface의 output 단자 설정에서 신호발생기의 진폭 V_o가 $2\,V$, 주파수는 $100\,Hz$의 사인파로 설정한다.
3. 프로그램 창의 하단 왼쪽에 있는 'Monitor' 버튼을 눌러 실험을 시작한다. 프로그램 창에서 그래프 옆에 '100 Ohm'이라는 주파수-전류진폭을 기록하는 table이 나오는데, 주어진 주파수에 대해 scope 화면에서 측정한 전류의 최대진폭 값을 기록한다. 이 표를 바탕으로 하여 작성된 데이터 그래프에서 전류의 진폭이 최대값이 되는 주파수를 확인한다. 공명주파수인 식 6-42와 비교하여 본다.
4. 실험 데이터 table과 작성된 공명 주파수에서의 그래프를 캡쳐하여 실험리포트 작성시 참조한다.
5. 측정이 끝났으면 화면 상단의 'Stop'을 눌러 프로그램 작동을 중지시킨다.

RLC 회로에서의 v, v_R, v_L, v_C, i 측정

1. 그림 6-25와 같이 개별 부품들에 걸리는 교류전압을 측정하기 위한 회로를 구성한다. 부품용량은 동일하게 $R=100\,\Omega$, $L=10\,mH$, $C=10\,\mu F$이다. 아날로그 입력 채널 A, B, C는 각각 v_R, v_L, v_C 전압측정 단자(전압계)들이다.

2. 컴퓨터의 바탕화면에 'RLC voltages.cap'라는 Capstone 프로그램용 파일을 실행한다. 프로그램 화면의 왼쪽 세로 메뉴바에서 'signal generator' 버튼을 누르고 750 interface의 output 단자 설정에서 신호발생기의 진폭 V_o가 $2\,V$, 주파수는 $500\,Hz$의 사인파로 설정한다.
3. 프로그램 창의 상단에 있는 'Start' 버튼을 눌러 scope 측정그래프를 작동시킨다. 1 주기 이상의 정상적인 사인파 형태의 전압들이 측정되었으면 'Stop'버튼을 누른다.
4. 측정된 각 전압, 전류의 진폭과 위상차를 구하고 부품용량들과 사용된 주파수를 바탕으로 계산하여 측정값들과 비교해본다.
5. scope 화면 그래프를 캡처하여 실험리포트 작성 시 참조한다.
6. 앞서 살펴본 공명 주파수값으로 signal generator를 설정하고 단계 3-5를 반복한다.

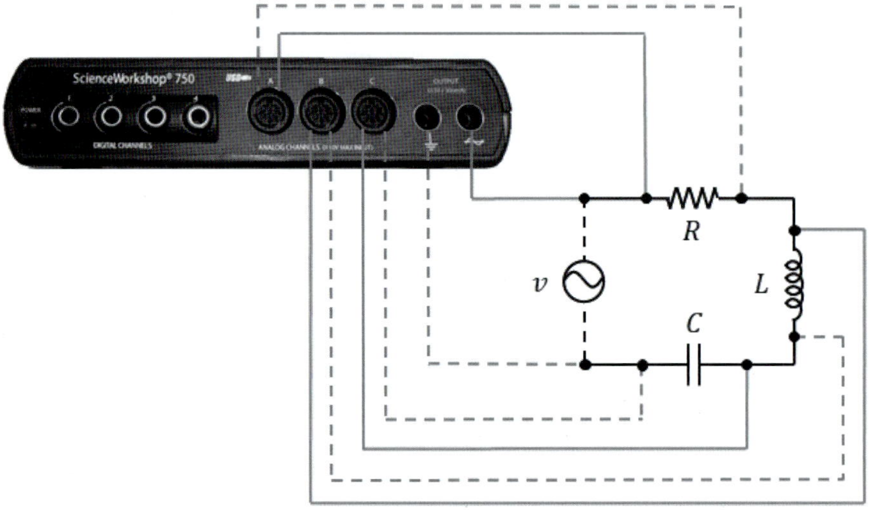

그림 6-25 | 직렬 RLC 교류회로에서의 각 부품별 교류전압 측정 회로도. 점선들은 각 채널의 signal-low 선을 의미한다.

참고

20세기 초반은 전기기술에 바탕을 둔 통신기기들의 상당한 발전이 있었고 이에 대한 내용들을 정립하는 과정에서 여러 가지 전기적인 물리량들에 대한 표준화가 이루어졌는데, 앞서 살펴본 공명현상에서의 저항용량과 관련하여 얼마나 날카로운 공명이 발생하는가를 기술하기 위하여 Q factor라는 것이 정의되었고 다음과 같이 표현된다.

$$Q \equiv \frac{f_{res}}{\Delta f_{FWHM}} \tag{6-43}$$

RLC회로라면 f_{res}는 공명주파수, Δf_{FWHM}는 공명주파수에서 발생하는 저항의 최대 소비전력(power)의 절반 전력을 소비하는 두 주파수 값의 폭이다. 이것을 FWHM(full width at half maximum)이라고 하며 그림 6-26에 나타나있다.

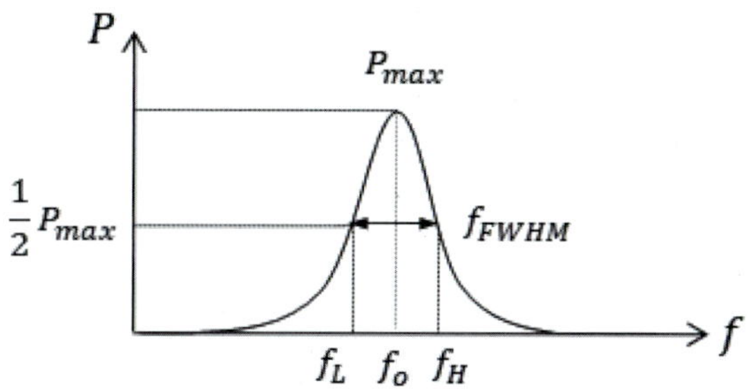

그림 6-26 | RLC 회로에서의 전력곡선.

RLC회로에서의 전력소비는 저항을 통해서만 발생한다. 따라서 저항이 소비하는 전력을 구할 때 저항에 가해진 교류전압과 저항을 흐르는 교류전류는 위상이 같으므로

$$P_R = v_R i_R = V_R \sin\omega t \; I_R \sin\omega t = V_R I_R \sin^2\omega t \tag{6-44}$$

와 같다. 이것은 시간에 따라 변하는 양이므로 시간에 대한 평균을 취해보면 다음과 같다.

$$P_R = V_R I_R \overline{\sin^2\omega t} = \frac{1}{2} V_R I_R = \frac{1}{2} I^2 R \tag{6-45}$$

직렬연결 회로이므로 I_R은 회로전체를 통과해 흐르는 전류 I와 같다. 공명주파수에서 저항이 소모하는 최대전력 $P_{\max}$는

$$P_{\max} = P(f = f_o) = \frac{1}{2}\frac{V^2}{R} \tag{6-46}$$

이다. 여기서 V는 전압공급기에서 가해진 교류전압의 진폭이다. 그림 6-26과 같이 절반의 전력소비가 이루어지는 주파수를 찾아보면 다음과 같다.

$$P_R(f_{L,H}) = \frac{1}{2}P_{\max} \;\rightarrow\; \frac{1}{2}I^2R = \frac{V^2}{4R} \tag{6-47}$$

전류의 진폭에 관한 식 6-40을 이용하여 정리하면 6-47식으로부터 다음 식을 얻는다.

$$(\omega^2LC-1)^2 = \omega^2R^2C^2 \;\rightarrow\; \omega^2LC-1 = \pm\omega RC \tag{6-48}$$

이것을 풀어보면

$$\omega_{L,H} = \mp\frac{R}{2L} + \sqrt{\left(\frac{R}{2L}\right)^2 + \frac{1}{LC}} \tag{6-49}$$

이므로 $\Delta\omega = \omega_H - \omega_L = \frac{R}{L}$ 이다. 따라서 직렬 RLC 회로에서의 Q factor를 구해보면

$$Q = \frac{f_{res}}{\Delta f} = \frac{\omega_{res}}{\Delta\omega} = \frac{1}{R}\sqrt{\frac{L}{C}} \tag{6-50}$$

이다. RLC 직렬연결 회로에서의 Q factor는 저항이 작을수록 커진다. Q factor가 크다는 것은 그만큼 더욱 좁은 주파수 bandwidth에서 날카로운 공명이 발생한다는 것을 의미한다.

교류신호를 다루는 회로의 주파수 반응특성을 알아보는 전문적인 측정 장비중의 하나가 spectrum analyzer이다. RLC 회로에서 입력전압의 주파수를 연속적으로 변화시켜가면서 교류전류의 진폭을 spectrum analyzer로 측정해본 결과가 그림 6-27이다.

그림 6-27(a)는 $R = 1k\Omega$, $L = 10mH$, $C = 10\mu F$의 값들에 대한 전류진폭의 공명

이고 그림 6-27(b)는 $R = 100\,\Omega$, $L = 10\,mH$, $C = 10\,\mu F$에 대한 공명이다. 저항 R이 작은 경우 더욱 날카로운 공명현상이 발생하는 것을 확인할 수 있다.

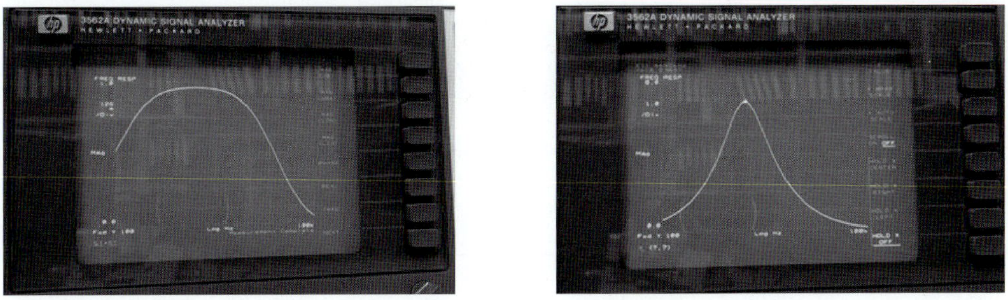

(a) (b)

그림 6-27 | spectrum analyzer를 이용한 직렬 RLC 회로에서의 공명 측정. (a) $R = 1\,k\Omega$인 경우와 (b) $R = 100\,\Omega$인 경우의 공명 비교.

1. 저항 회로 ($R = 100\,\Omega$)

$f\,(Hz)$	$V\,(V)$	$I\,(mA)$ 측정	$R\,(\Omega)$ 실험	$R\,(\Omega)$ 사용	$\Delta t\,(\mu S)$	$\Delta\phi\,(rad)$
200	2					
1600	2					
12000	2					

V는 입력교류전압의 진폭, I는 전류의 진폭이다.

R(실험) = $\dfrac{V}{I}$, R(사용) = 멀티미터로 측정한 저항값

2. 축전기 회로 ($C = 10\,\mu F$)

$f\,(Hz)$	$V\,(V)$	$I\,(mA)$ 측정	$X_C\,(\Omega)$ 실험	$X_C\,(\Omega)$ 계산	$\Delta t\,(\mu S)$	$\Delta\phi\,(rad)$
200	2					
1600	2					
12000	2					

X_C(실험) = $\dfrac{V}{I}$, X_C(계산) = $\dfrac{1}{\omega C}$,

3. 유도기 회로 ($L = 10\,mH$)

$f\,(Hz)$	$V\,(V)$	$I\,(mA)$ 측정	$X_L\,(\Omega)$ 실험	$X_L\,(\Omega)$ 계산	$\Delta t\,(\mu S)$	$\Delta\phi\,(rad)$
200	2					
1600	2					
12000	2					

X_L(실험) = $\frac{V}{I}$, X_L(계산) = ωL,

4. RLC 회로

$f(Hz)$	$V(V)$	$I(mA)$ 측정	$Z(\Omega)$ 실험	$Z(\Omega)$ 계산	$\Delta t(\mu S)$	$\Delta\phi(rad)$
200	2					
1600	2					
12000	2					

Z(실험) = $\frac{V}{I}$, Z(계산) = $\sqrt{R^2+(X_L-X_C)^2}$

5. 주파수 – 전류진폭 곡선의 공명현상 그래프.

측정 프로그램 그래프 데이터 화면 캡처, 또는 엑셀로 데이터를 plotting 한다.

6. RLC 회로에서의 v, v_R, v_L, v_C, i 측정 ($f = 500\ Hz$와 공명진동수에서 측정)

측정 프로그램 그래프 데이터 화면 캡처, 또는 엑셀로 데이터를 plotting 한다.

IC-PBL 과제

전자회로를 꾸미며 실험하던 박전자 학생은 회로구성을 위해 여러 가지 부품들을 고르고 있었다. 저항(resistor)과 축전기(capacitor), 유도기(inductor)를 부품으로 사용하고 파형발생기와 오실로스코프가 필요한 실험이었다.

부품들의 정확한 용량을 측정하기 위해 박전자군은 LCR 미터라는 장비를 빌려왔다. LCR 미터는 대학실험실, 산업체 연구실 등에서 흔히 사용되는 장비들 중의 하나이다. 그러나 박전자군이 빌려온 LCR 미터는 고장난 것이었다. 당황한 박전자군은 곰곰이 생각해본 결과 대학 1학년 때 일반물리학실험에서 배운 RLC 회로의 원리를 떠올렸다.

RLC 회로에서의 물리적 특성들을 활용하면 LCR 미터 없이도 저항값, 축전용량, 유도용량을 알아낼 수 있을 것 같다는 생각이 불현 듯 떠올랐다. 남은 문제는 주어진 부품들과 장비들을 활용하여 어떠한 회로들을 구현하고 부품들의 용량을 알아낼 수 있을지 찾아내는 것이다.

그 회로들이 어떤 것들인지 그것이 알고 싶다.

참고

주어진 부품은 저항 2개, 축전기 1개, 유도기 1개이다. 이 중에서 저항 1개의 용량만 알고 있고 나머지 부품들의 용량을 알아내야 한다. 사용하는 장비는 오실로스코프와 함수발생기이다. 오실로스코프는 앞선 실험에서 사용한 750 인터페이스와는 장비의 특성이 다르다는 점에 유의한다.

7. RC filter 회로

1 실험 목적

앞서 살펴본 RC회로에서의 충전과 방전 현상은 기본적으로 RC회로에 직류전압이 가해졌을 때의 상황이다. 우리는 해당 실험에서 저항 R과 축전기 C에 걸리는 전압을 측정하여 살펴본 바가 있다. 만약 동일한 RC회로에 직류가 아닌 정현파 교류전압이 가해졌을 때, 저항 R과 축전기 C에 걸리는 전압은 직류전압 때와는 상당히 다른 양상으로 나타나게 되며 교류신호의 주파수에 따라 회로의 출력단에서 측정되는 교류전압은 입력신호에 대해 크기와 위상이 달라지게 된다. 이 부분을 측정을 통해서 살펴본다.

2 이론

1. 개론

전기적 filter는 전기회로에서 교류신호의 전달특성을 조절할 수 있는 회로를 말한다. 단순한 것부터 여러 가지 복잡한 필터들이 개발되어 사용되고 있는데, 여기서는 가장 기본적인 RC회로에서 입력교류전압에 대해 저항 R과 축전기 C에 걸리는 교류전압을 측정해 봄으로서 filter 기능의 기본적인 작동원리와 필터회로에서의 신호전달특성을 표현해보는 방법을 살펴본다.

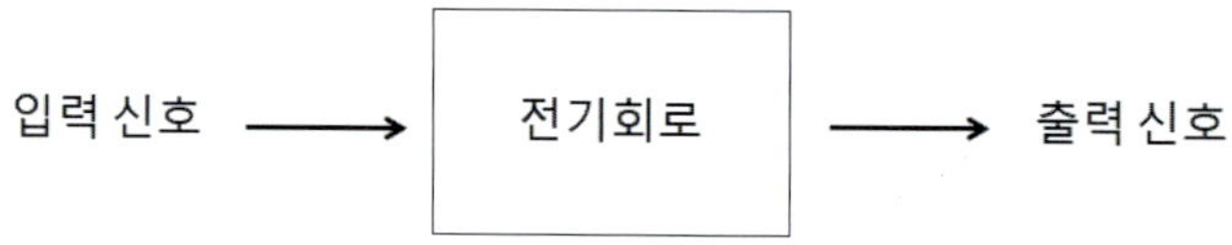

그림 7-1 | 회로를 통한 신호 전달.

그림 7-1과 같이 교류입력신호는 회로를 통해 전달되는 과정에서 입력교류신호의 주파수에 따른 변형이 일어나고 이러한 특성은 회로의 특성을 반영한다. 이러한 변형을 나타내는 수학적인 표현을 전기회로의 전달함수(transfer function)라고 한다.

2. 푸리에 정리 (Fourier theorem)

RLC회로를 다룰 때 언급된 적이 있는데, 푸리에 정리는 모든 주기적인 파형은 여러 개의 정현파들, 즉 다양한 주기의 sine 또는 cosine의 합으로 나타낼 수 있다는 수학적 정리로서 프랑스의 수학자 푸리에 (Jean-Baptiste Joseph Fourier, 1768 - 1830)에 의해 정립되었다.

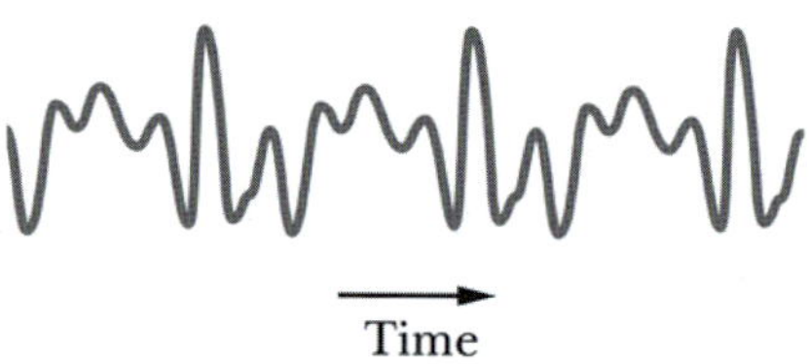

그림 7-2 | 주기 함수.

그림 7-2와 같은 주기 함수 $f(t)$가 주어졌을 때 다음과 같은 여러 주기의 sine, cosine 함수들의 합, 즉 푸리에 급수로 표현할 수 있다는 것이 푸리에 정리이다.

$$f(t) = a_o + \sum_{n=1}^{\infty} (a_n \cos nt + b_n \sin nt) \tag{7-1}$$

다음 그림 7-3의 연속적인 사각파형 전압이 있다고 하자. 이 파형을 푸리에 급수로 나타내보면

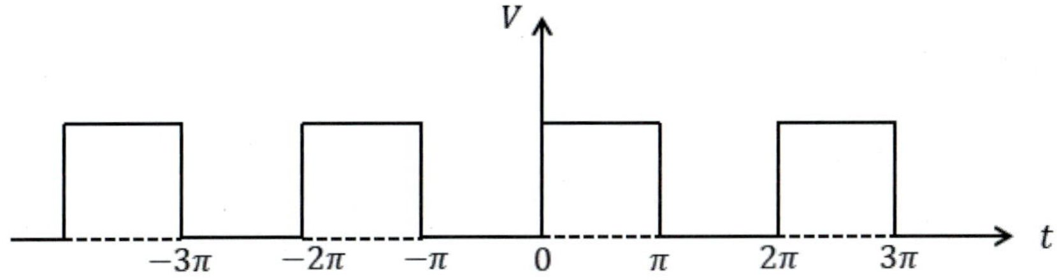

그림 7-3 | 사각파 주기 함수.

$$V(t)=\frac{1}{2}+\sum_{n=1}^{\infty}\frac{2}{(2k-1)\pi}\sin(2n-1)t=\frac{1}{2}+\frac{2}{\pi}\sin t+\frac{2}{3\pi}\sin 3t+\ldots \tag{7-2}$$

이다. 푸리에 정리는 이공계 2학년 이상의 고급수학에서 자세하게 배울 수 있는 기회가 주어질 것이다.

filter 회로에 7-2식과 같은 주기적인 신호가 입력될 때 사각파형은 여러 가지의 주파수를 가진 sine, 또는 cosine 함수들의 합이라는 점을 알았기 때문에 다양한 주파수 성분의 항들을 동시에 모두 고려할 필요는 없고 임의의 주파수를 가진 sine, 또는 cosine 함수 하나에 대한 특성을 알게 된다면 전체 파형의 교류회로전달 특성을 파악할 수 있다. 따라서 하나의 정현파에 대한 회로 특성을 살펴보자.

3. Low-pass filter

표현 그대로 low-pass filter는 주파수가 낮은 영역의 신호들을 잘 전달하고 주파수가 높은 영역의 신호는 감쇠시키는 회로를 말하며 다음과 같은 회로구성을 가지고 있다.

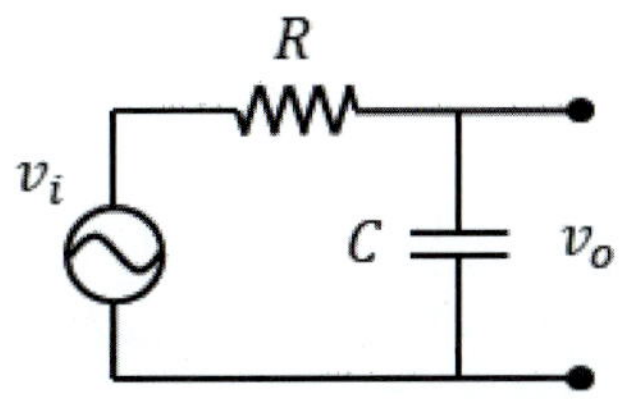

그림 7-4 | low-pass filter 회로.

RLC회로에서 자세히 살펴본 교류신호의 복소수 표현을 사용하여 다음과 같은 입력전압이 회로에 가해졌다고 하자.

$$v_i = V\,e^{j\omega t} \tag{7-3}$$

즉, 실제 교류입력전압은 $v_i = V\cos\omega t$ 이다. 축전기 C의 양단에 발생하는 교류출력전압은 전압분배기 효과에 의해 다음과 같다.

$$v_o = \frac{\dfrac{1}{j\omega C}}{R+\dfrac{1}{j\omega C}}\,v_i = \frac{1}{1+j\omega RC}\,v_i \tag{7-4}$$

입력전압 대비 출력전압의 비율을 나타내보면

$$\frac{v_o}{v_i} = \frac{1}{1+j\omega RC} = \frac{1-j\omega RC}{1+(\omega RC)^2} = \frac{1}{\sqrt{1+(\omega RC)^2}}\,e^{j\theta} \tag{7-5}$$

이며,

$$\tan\theta = -\omega RC \text{ 또는 } \theta = -\tan^{-1}(\omega RC) \tag{7-6}$$

이다. 그림 7-4와 같이 입력단과 출력단이 설정되었을 때 7-5식을 그림 7-4 회로의 전달함수 (transfer function)라고 한다.

한편 v_o/v_i의 크기는

$$\left|\frac{v_o}{v_i}\right| = \frac{V_o}{V_i} = \frac{1}{\sqrt{1+(\omega RC)^2}} \tag{7-7}$$

이며 이것은 회로의 gain 값, 즉 출력신호의 진폭이 입력신호의 진폭에 비해 얼마나 달라지는가를 나타내는 값이다. 주파수 f 또는 각진동수 ω가 커질수록 gain은 1 보다 점점 더 작아진다는 것을 알 수 있다. 한편 복소수 표현으로 이루어진 7-5식에서 주목할 부분은 위상 θ이다. 7-7식의 gain을 $G(\omega)$라고 하면 식 7-5는 다음과 같다.

$$\frac{v_o}{v_i} = G(\omega)e^{j\theta}, \quad v_o = G(\omega)v_i e^{j\theta} = G(\omega)Ve^{j(\omega t+\theta)} \tag{7-8}$$

위 식을 해석하자면 출력교류전압 v_o의 위상은 입력교류전압 v_i의 위상에 θ만큼이 더해진 것이다. 우리는 앞서 RLC회로를 학습할 때 위상의 차이가 오실로스코프로 관찰할 수 있는 시간영역에서 어떻게 표현되는지 알아보았다. 7-6식에 의해 7-8식에서의 출력교류전압의 위상은 입력교류전압에 비해 작아짐을 알 수 있다 ($\theta < 0$). 따라서 오실로스코프로 볼 수 있는 v_i와 v_o의 위상관계는 다음 그림과 같다.

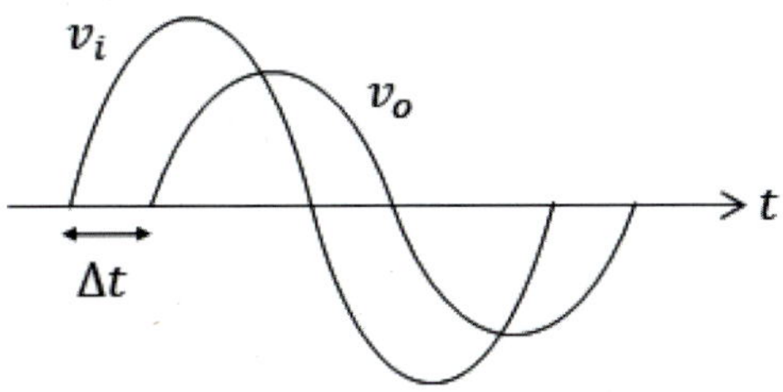

그림 7-5 | Low-pass filter 회로에서의 입력교류전압 대비 출력교류전압의 오실로스코프 관측 화면.

gain이 항상 1보다 작기 때문에 출력전압의 크기는 입력전압의 크기보다 항상 (모든 주파수에 대해) 작다.

오실로스코프에서 관측되는 시간차 Δt는 위상차 θ를 반영하므로 Δt 측정을 통해서 아래식과 같이 위상차를 구할 수 있다.

$$\theta = -\tan^{-1}(\omega RC) = 2\pi\frac{\Delta t}{T}\,(\text{radian}) = 360^\circ\frac{\Delta t}{T}\,(\text{degree}) \tag{7-9}$$

참고로 그림 7-5와 동등한 물리적인 내용을 담고 있는 phasor diagram으로 표현해 보면 아래와 같다.

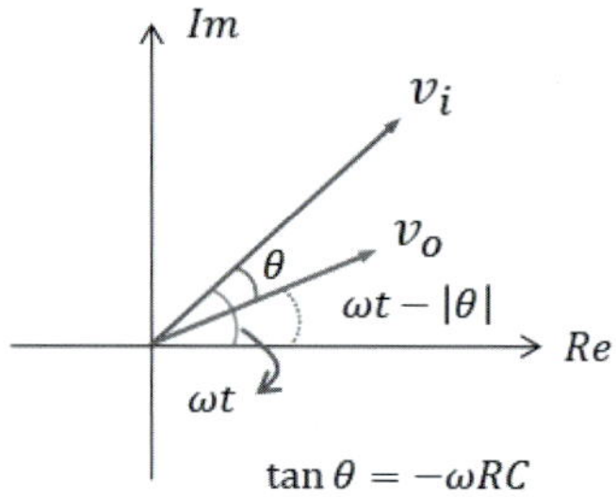

그림 7-6 | Low-pass filter 회로에 대한 phasor diagram.

4. Bode plot

전달함수는 두 가지 중요한 정보를 가지고 있는데 신호가 통과해가는 회로에서의 gain과 입출력 신호간의 위상차가 주파수 f에 의해 어떻게 변화하는가이다. filter 회로와 관련하여 이러한 정보들을 단순하면서도 정확하게 나타낼 수 있는 효과적인 표현방법중의 하나가 Bode plot이며 Hendrik Wade Bode에 의해 개발되었다.

Bode plot은 기본적으로 gain $G(\omega = 2\pi f)$와 위상차 θ를 주파수의 함수로 나타낸 그래프이다. low-pass filter의 경우 $G(\omega) = \frac{1}{\sqrt{1+(\omega RC)^2}}$, $\theta = -\tan^{-1}(\omega RC)$에서 $R = 2.2\,k\Omega$, $C = 10\,nF$인 경우에 대해 Bode plot을 만들어보면 다음 그림과 같다.

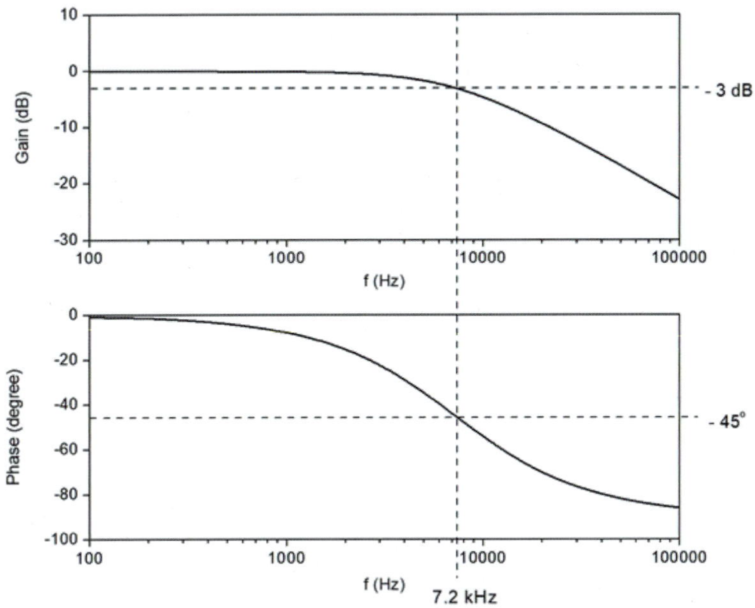

그림 7-7 | Low-pass filter 회로에 대한 Bode plot.

gain의 세로축이 dB 단위로 표현된 것인데, 그 정의는 다음과 같다.

$$dB = 10\log\left(\frac{P_o}{P_i}\right) = 10\log\left(\frac{V_o^2}{V_i^2}\right) = 20\log\left(\frac{V_o}{V_i}\right) = 20\log[G(\omega)] \qquad (7\text{-}10)$$

여기서 P는 파워라고 언급하지만 반드시 전력 또는 일률을 나타내는 것은 아니고 일반적으로 어떤 물리량의 제곱값을 의미한다. 로그 스케일에 의한 표현은 작은 값들이 더 확대되서 보여지는 효과가 있다. 가로(주파수)축과 gain축이 로그 스케일인 점에 유의한다. 실험데이터를 가지고 그래프를 만들 때 선형(linear) 스케일과 로그 스케일의 표현이 어떻게 달라지는지 확인해보기 바란다.

그림 7-7의 low-pass filter의 경우를 보면 입력교류전압의 크기 대비 출력교류전압의 크기가 주파수가 커질수록 점점 작아진다는 것을 알 수 있는데, 어느 정도의 주파수 이후부터 출력신호가 실질적으로 줄어든다고 가늠할 수 있는 기준이 필요하다. 따라서 $P_o/P_i = 1/2$이 되는 주파수 f 값을 생각해보면

$$dB = 10\log\left(\frac{P_o}{P_i}\right) = 10\log\left(\frac{1}{2}\right) = -10\log 2 = -3\,(dB) \tag{7-11}$$

이며, $\frac{V_o}{V_i} = \frac{1}{\sqrt{2}} = 0.71$이 된다. 즉, 출력교류전압의 크기는 입력교류전압의 70% 정도로 작아진다. 이때의 주파수를 cut-off 주파수 f_C 또는 $3\,dB$ point 라고 한다. 정리하자면 low-pass filter에서는 $3\,dB$ point 이후부터 gain이 70% 이하로 줄어든다라고 표현할 수 있다. 그림 7-7의 경우에서 f_C 또는 $3\,dB$ point를 구해보면

$$\frac{V_o^2}{V_i^2} = \frac{1}{1+(\omega RC)^2} = \frac{1}{2} \;\rightarrow\; \omega RC = 1, \quad \therefore f_C = \frac{1}{2\pi RC} = 7.2\,kHz \tag{7-12}$$

이다.

3 실험 장비

1. 오실로스코프

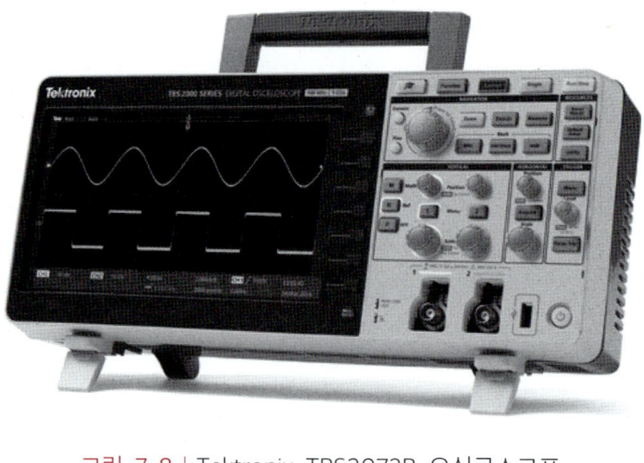

그림 7-8 | Tektronix TBS2072B 오실로스코프.

2. 함수발생기

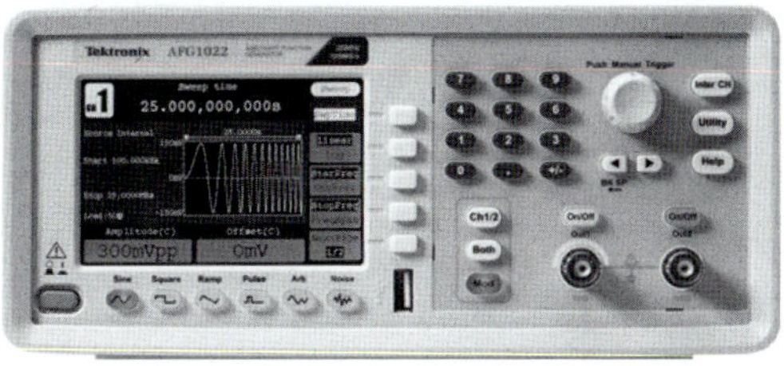

그림 7-9 | Tektronix AFG1022 함수발생기.

3. Breadboard

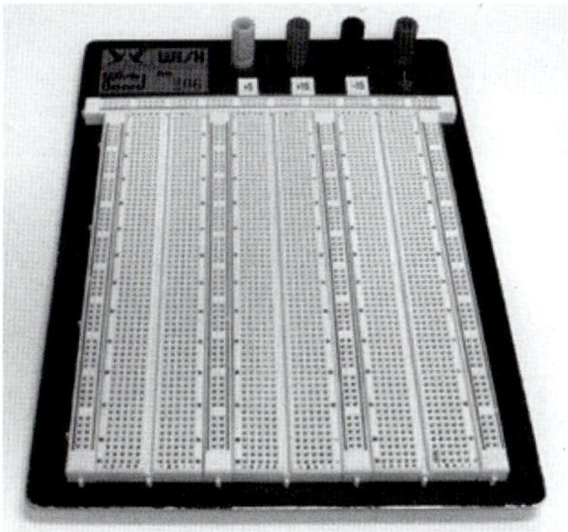

그림 7-10 | 회로구성용 breadboard.

4. BNC 연결 클립 ($\times 2$)

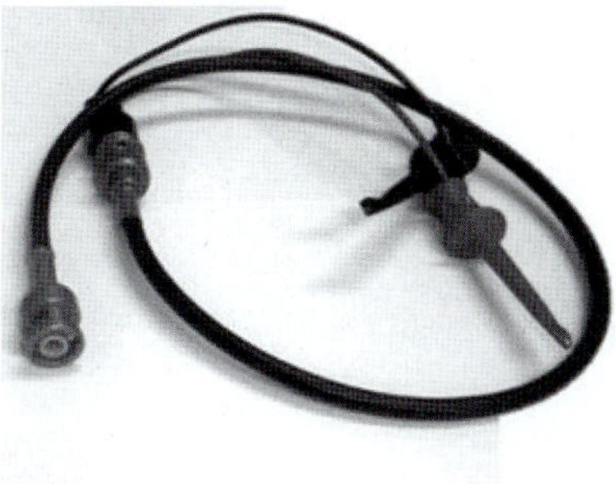

그림 7-11 | BNC 연결 클립.

5. 부품

$R = 10\,k\Omega$, $C = 10\,nF$

4 실험 과정

1. 그림 7-12와 같은 low-pass filter 측정회로를 구성한다. $R = 10\,k\Omega$, $C = 10\,nF$을 사용한다.

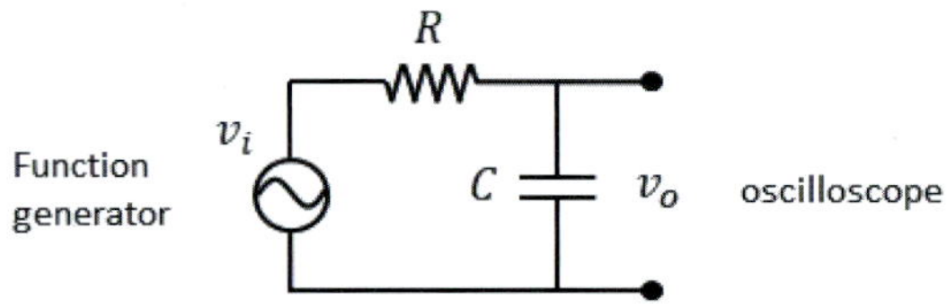

그림 7-12 | Low-pass filter 측정 회로도.

실제 측정기기 들과의 연결은 다음 그림 7-13과 같다. 입력신호 대비 출력신호의 위상차를 측정하기 위해 오실로스코프의 두 개 채널을 모두 사용한다. 1번 채널은 입력신호, 2번 채널은 출력신호를 측정한다. 함수발생기의 사인파 출력진폭은 $V = 2\,V$로 설정한다.

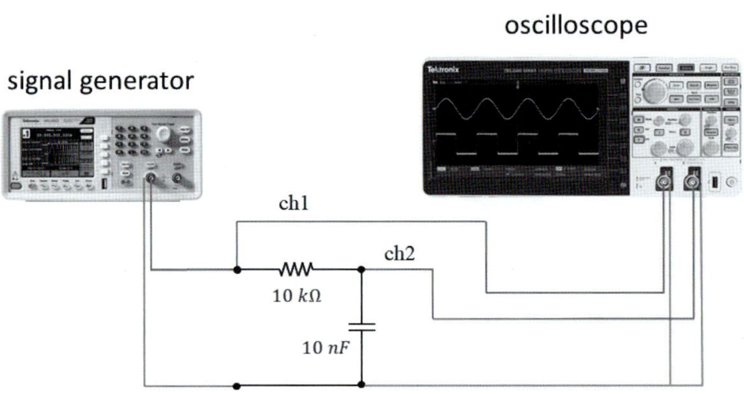

그림 7-13 | Low-pass filter 측정 장비 연결도.

함수발생기의 주파수를 $f = 10\,kHz$로 설정했을 때 그림 7-5와 같은 입력, 출력 신호가 오실로스코프에 관찰이 되면 정상적으로 연결이 된 것이다.

2. 실험데이터 표에 나타나있는 주파수를 설정하고 V_o와 Δt를 측정하여 표를 완성한다.

과제용 질문

다음과 같은 회로는 high-pass filter라고 부르는 회로이다. 사용된 부품은 $R = 2.2\,k\Omega$, $C = 10\,nF$이 사용되었다. 이 회로의 gain과 위상차를 이론적으로 구하여 Bode plot을 만들어보고 그 특성을 기술해 보시오.

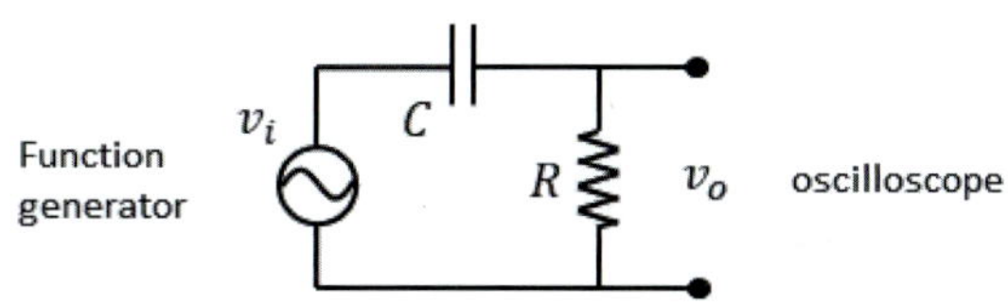

그림 7-14 | High-pass filter 측정 회로도.

실험 7 | RC filter 회로 실험 데이터

입력신호 진폭 : $V_i = 2\,V$

$f\,(Hz)$	$V_o(V)$	$\Delta t\,(s)$	$f\,(kHz)$	$V_o(V)$	$\Delta t\,(s)$	$f\,(kHz)$	$V_o(V)$	$\Delta t\,(s)$
100								
200			2			20		
300			3			30		
400			4			40		
500			5			50		
600			6			60		
700			7			70		
800			8			80		
900			9			90		
1000			10			100		

V_o : 출력단 교류전압의 진폭.

gain을 계산하기 위해 $\left|\frac{v_o}{v_i}\right| = \frac{V_o}{V_i}$ 를 구하고 Δt 로부터 위상차 θ 를 각도단위로 환산하여 그림 7-7과 같은 Bode plot 그래프를 만들어 실험리포트를 작성한다. 위상차의 부호에 주의한다.

8. Wheatstone Bridge 회로와 Kirchhoff 법칙

1 실험 목적

오랜 과거시절, 멀티미터라는 현대식 장비가 존재하지 않던 시대에 bridge 구조의 회로를 이용하여 어떤 물체의 미지의 저항값을 측정하는 방법이 있었다. 그 때 이용된 Wheatstone bridge는 저항값 측정과 더불어 매우 높은 정밀도로 미세한 저항의 차이를 읽을 수 있었다. 본 실험에서는 Wheatstone bridge의 사용원리를 알아본다. 이 방법은 오늘날까지 활용될 정도로 매우 유용한 회로이다.

2 이론

1. Wheatstone bridge 회로

1818년에 출판된, 어찌 보면 인류 최초의 공상과학소설이라고도 할 수 있는 메리 셸리의 프랑켄슈타인이라는 소설에는 전기충격을 가하여 괴물에게 생명을 불어넣는 장면이 나온다. 전지의 발명과 유도기전력의 발견으로 19세기는 전기가 신기술로서 출현함에 따라 많은 관련 연구들이 활발하게 이루어진 시대였다. 어떠한 물질이 얼마나 전기를 잘 통하는가를 아는 것은 기본적이면서도 중요한 주제였다. 작곡가 베토벤이 사망한 해였던 1827년, 우리가 잘 아는 옴의 법칙이 발견되었고 곧이어 1833년에는 Samuel Hunter Christie라는 과학자에 의해 물질들의 저항의 상대적인 크기를 알 수 있는 측정법이 제안되었다. 10년 뒤인 1843년 Charles Wheatstone은 Christie의 방법을 약간 개량하여 오늘날 우리가 알고 있는 Wheatstone bridge라는 형태의 저항측정회로를 제시하였다.

Christie가 최초로 제안했던 저항값을 비교해볼 수 있는 회로는 그림 8-1에 나타나있다. 그림 8-1(a)는 그가 제시한 원래 형태의 회로인데 자석을 이용하여 코일에 유도기전력(전압)을 발생시켜 짧은 점선과 긴 점선으로 표시되는 두 종류의 물질로 만들어진 전선들의 경로를 거쳐 갈바노미터(검류계)를 관통하는 전류의 방향에 의해 두 물질의 저항의 상대적인 크기를 비교하는 것이었다. 이 회로를 bridge와 직류전압을 이용하는 형태로 바꾸어본 것이 그림 8-1(b)이다.

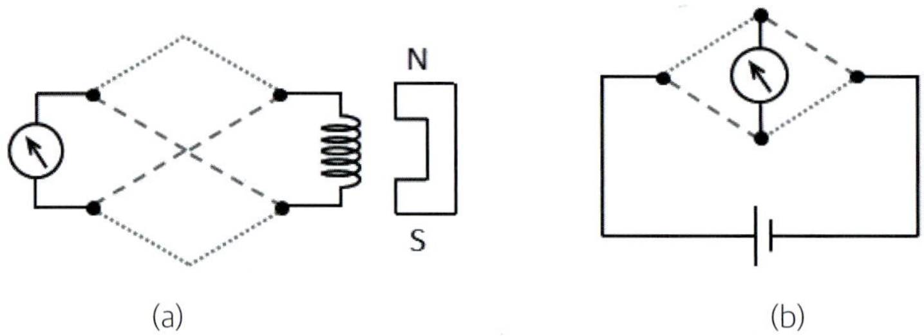

그림 8-1 | Christie의 bridge 회로.

이 발명들을 기술한 190여 년 전 실험논문들을 찾아보면 금속 전선들로 저항비교를 하던 실험들에서 두 전선을 연결할 때 전선 끝부분을 잘 닦아내고 서로 비틀어 꼬아서 연결한다는 표현이 나온다. 그때는 아직 납땜기술이 없었던 시대였다. 그러나 오늘날 우리가 breadboard에 부품들을 꽂아 회로를 구성하는 실험들에서도 부품 다리를 삽입하기 전에 가는 사포나 칼 등으로 끝부분을 긁은 후 breadboard에 꽂으면 접촉성이 좋아진다. 전기적 실험들이나 전기기구들에서의 오류발생의 원인으로 접촉 불량인 경우가 적지 않다.

참고 검류계와 전류계의 차이

두 기구에 대한 용어를 혼용해서 사용하는 경우도 있기는 하나 엄밀하게는 전류계의 특수한 한 형태가 검류계라고 볼 수 있다. 전류계는 다양한 크기의 전류를 측정하는 장비이기 때문에 측정범위 설정 등의 기능이 들어있지만 검류계의 목적은 어떤 방향으로 흐르는 전류가 있는지 없는지를 판단하는데 주로 사용되기 때문에 보통은 미세한 전류의 측정범위로 설정되어있으며 전류의 0점 위치가 중앙에 있다. 검류계가 없다면 전류계의 측정 민감도를 높여 사용할 수 있다.

그림 8-2는 Christie가 제안한 bridge회로를 발전시켜 구성한 Wheatstone bridge 회로이다. 이 회로에서 검류계를 빼고 A와 B 구간을 open 시켰다고 하자. (A와 B 사이의 연결을 해제한 것이다.) 전지의 (-)극을 전압기준점, 즉 ground(전압을 0 V로 설정한 위치)로 잡으면 A와 B에서의 전압은 전압분배기 효과에 의해

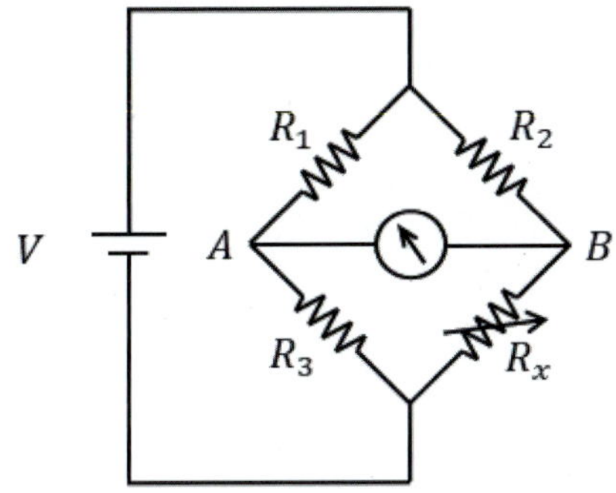

그림 8-2 | Wheatstone bridge 회로.

$$V_A = \frac{R_3}{R_1 + R_3} V, \qquad V_B = \frac{R_x}{R_2 + R_x} V \tag{8-1}$$

이며, 따라서 A와 B 사이의 전압차이 V_{AB}는 다음과 같다.

$$V_{AB} = V_A - V_B = \frac{R_3}{R_1 + R_3} V - \frac{R_x}{R_2 + R_x} V = \frac{R_2 R_3 - R_1 R_x}{(R_1 + R_3)(R_2 + R_x)} V \tag{8-2}$$

만약 $V_{AB} = 0\ V$이면(이 경우를 balanced condition이라고 한다) 검류계를 A와 B 사이에 삽입하여 관찰했을 때 흐르는 전류가 0일 것이다. 이것을 만족하는 조건은 8-2식의 분자가 0이 될 때이다. 즉, $R_2 R_3 = R_1 R_x$인 경우이며 만약 R_1, R_2, R_3의 저항값을 알고 있다면 미지의 저항 R_x를 구할 수 있다.

$$R_x = \frac{R_2 R_3}{R_1} \tag{8-3}$$

[예제]

검류계를 대체하여 R_5라는 저항을 검류계 위치에 넣었다고 하자. 이 때 R_5를 흐르는 전류는 얼마인가?

A와 B 사이의 전압차이가 V_{AB}이므로 옴의 법칙에 의해

$$I = \frac{V_{AB}}{R_5} = \frac{R_2 R_3 - R_1 R_x}{R_5 (R_1 + R_3)(R_2 + R_x)} V. \tag{8-4}$$

철사와 같은 금속 전선은 전도도가 좋은 금속물질로 만들었기 때문에 저항이 매우 작다. 따라서 대부분의 상용화된 Wheatstone bridge 실험세트에서는 Wheatstone bridge의 측정정밀도가 높다는 것을 보여주기 위해 금속전선을 미지의 저항값을 가진 물체로 사용한다. 그러나 저항이 너무 작기 때문에 전압공급기를 부주의하게 사용하거나 실수로 과전류 방지용 저항을 사용하지 않을 경우 자칫 과전류가 흘러 화상의 위험성이 존재하고 전선에 측정용 팁을 연결할 때의 접촉저항이 전선 자체의 저항에 비해 작지 않을 때 심각한 측정오류가 발생하기도 한다. 따라서 본 실험에서는 금속전선을 사용하여 Wheatstone bridge의 저항측정 정밀도가 높다는 것을 보여주기 보다는 회로 자체의 기능성을 살펴보는 것으로 실험을 진행한다.

실험에 앞서 새로운 부품 하나를 살펴본다. 실험을 하다보면 저항의 값을 변화시킬 수 있는 가변저항이 필요할 때가 있다. 아래 그림 8-3은 가변저항기의 모습이다.

(a) (b)

그림 8-3 | 가변저항기.

이 부품의 원통형 내부에는 가는 나선 형태로 감겨있는 전선이 안쪽 면을 따라 감겨있고 회전 손잡이에 연결된 접촉단자가 안쪽면의 전선에 물리적인 접촉을 이루면서 손잡이가 회전하면서 접촉점의 위치가 회전각도에 비례하여 옮겨지는 형태를 가지고 있다. 이것을 상징화하는 그림이 8-3(b)이다. (부품의 표면에 새겨져 있다). CW는 clockwise의 의미로 가변저항기를 위에서 바라보았을 때 손잡이를 시계방향으로 회전시킬수록 2번 단자와 연결된 접촉점의 위치는 3번 단자 방향으로 이동하게 된다. 그럴수록 2번과 3번 단자 사이의 저항은 작아지고 (저항체의 길이가 짧아지므로) 1번과 2번 단자 사이의 저항은 커진다. 따라서 이 소자를 회로에서 사용할 때 필요에 맞게 각 단자의 연결을 결정하여 사용한다. 물론 1번과 3번 단자 사이의 저항도선의 길이는 일정하므로 항상 같은 값을 나타낸다. 부품의 바깥쪽 면에는 1번-3번 단자 사이의 저항값이 적혀있다. 예를 들면 이 값이 $10k\Omega$이면 이 가변저항은 0Ω에서 $10k\Omega$ 사이의 가변 저항값을 제공한다.

2. Kirchhoff 법칙

여러 가지 회로를 구성하는 요소들이 복잡하게 연결되어있을 때, 전류와 전압의 관계식을 이용하여 각 요소들을 흐르는 전류 값들을 계산할 수 있다. 이 때 사용되는 원리가 Kirchhoff 법칙이다. 두 개의 Kirchhoff 법칙이 있는데 그 내용은 다음과 같다.

(1) 회로상의 한 점에 흘러들어가는 모든 전류의 합은 0이다.

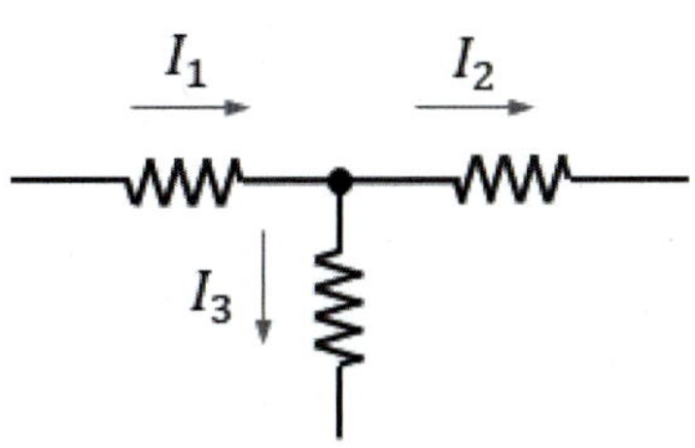

그림 8-4 | Kirchhoff 제1법칙의 설명 그림.

그림 8-4에서 가운데 한 점에 대해 관련된 전류들을 표현해보면, I_1은 들어가는 전류이므로 $+I_1$, I_2는 나가는 전류이므로 $-I_2$, I_3도 나가는 전류이므로 $-I_3$로 표현하여

모든 전류의 합을 구해보면

$$\sum_i I_i = I_1 - I_2 - I_3 = 0 \tag{8-5}$$

와 같이 쓸 수 있다.

(2) 하나의 회로 고리(loop)를 한 바퀴 돌 때 관측되는 모든 전압차의 합은 0이다.

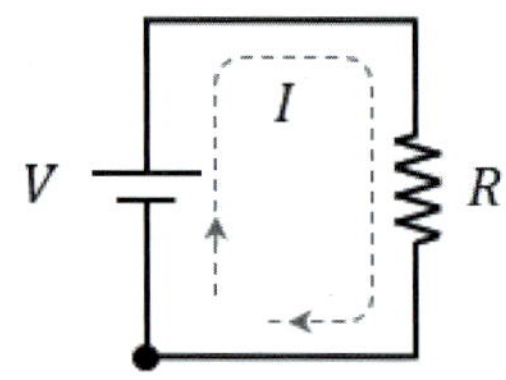

그림 8-5 | Kirchhoff 제2법칙의 설명 그림.

그림 8-5에서 왼쪽 아래의 점을 기준으로 잡고 여기서부터 시계방향으로 한 바퀴 돌아가면서 접하게 되는 전압차들을 살펴보면, 먼저 전지의 (−)극에서 (+)극으로 지나갈 때는 $+V$의 전압차를 느끼게 될 것이다. 이 경우는 매우 단순한 상황이기 때문에 시계방향이 전류의 방향이라는 것을 바로 알 수 있지만 여러 가지 회로 요소들이 모여있는 loop의 경우 직관적으로 전류의 방향을 가늠하기는 어려울 수도 있다. 이런 때는 어느 한 방향을 전류의 방향으로 가정하고 풀어본 뒤 전류의 계산값이 (+)값이 나오면 처음 설정한 전류의 방향이 맞는 방향이고, (−)값이 나온다면 전류의 방향을 반대로 가정한 것이다. 이 후 저항을 지나가면서 관측되는 전위차는 $-IR$이 된다. 여기서 (−)는 전압 강하를 의미한다. 즉, 저항의 위쪽이 아래쪽보다 전위가 높다. 따라서 loop을 한 바퀴 돌면서 관측된 전위차들의 합을 구해보면 다음과 같다.

$$\sum_i V_i = V + (-IR) = 0, \quad \therefore V = IR \tag{8-6}$$

그림 8-6과 같이 loop이 세 개짜리 회로를 한번 살펴보자. 표시된 세 개의 도선 접합

점에 대해 Kirchhoff 1법칙을 적용해보면

$$I_1 - I_2 - I_5 = 0 \tag{8-7}$$

$$I_2 - I_3 - I_4 = 0 \tag{8-8}$$

$$I_4 + I_5 - I_6 = 0 \tag{8-9}$$

이다.

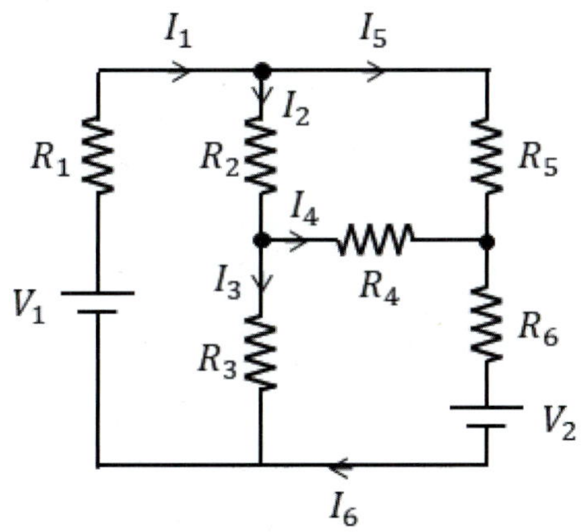

그림 8-6 | 세 개의 loop을 가진 회로의 분석 사례.

각각의 loop에 대해 Kirchhoff 2법칙을 적용해보면 다음의 세 가지 식을 추가로 얻게 된다.

$$I_1R_1 + I_2R_2 + I_3R_3 - V_1 = 0 \tag{8-10}$$

$$I_5R_5 - I_4R_4 - I_2R_2 = 0 \tag{8-11}$$

$$I_4R_4 + I_6R_6 + V_2 - I_3R_3 = 0 \tag{8-12}$$

따라서 여섯 개의 전류성분들에 대해 식 8-7부터 식 8-12까지 모두 여섯 개의 연립방정식을 정리하여 풀면 전류성분들을 모두 구할 수 있다.

이보다는 조금 더 수월하게 풀 수 있는 방법으로 첫 번째와 두 번째 법칙을 동시에 적용하는 mesh 방법을 살펴보자.

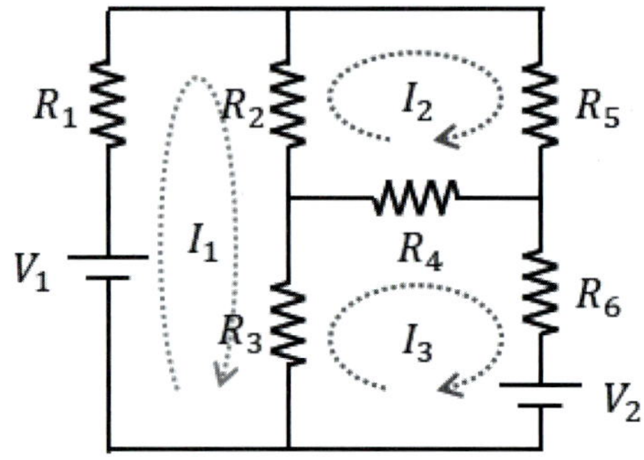

그림 8-7 | 세 개의 loop을 가진 회로의 분석 사례(mesh 방법).

그림 8-7은 그림 8-6과 동일한 회로이다. 전류를 각각의 loop에 대한 독립된 전류로 설정하고 Kirchhoff 2법칙을 적용해보면

$$I_1R_1 + (I_1 - I_2)R_2 + (I_1 - I_3)R_3 = V_1 \tag{8-13}$$

$$(I_1 - I_2)R_2 + I_2R_5 + (I_2 - I_3)R_4 = 0 \tag{8-14}$$

$$(I_3 - I_1)R_3 + (I_3 - I_2)R_4 + I_3R_6 = -V_2 \tag{8-15}$$

와 같다. 세 개의 식을 연립하여 풀면 각각의 저항을 통해 흐르는 전류성분들을 구할 수 있다.

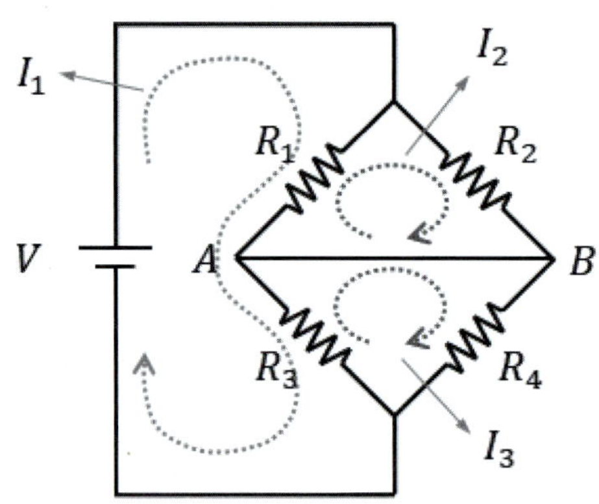

그림 8-8 | Wheatstone bridge 회로에 대한 mesh 분석.

이제까지의 내용을 Wheatstone bridge 회로에 적용하여 보자. 그림 8-8과 같이 세 개의 loop을 가진 Wheatstone bridge 회로에 mesh 분석방법을 적용하면 다음 세 개의 수식들을 얻을 수 있다.

$$(R_1 + R_3)I_1 - R_1 I_2 - R_3 I_3 = V \tag{8-16}$$

$$-R_1 I_1 + (R_1 + R_2)I_2 = 0 \tag{8-17}$$

$$-R_3 I_1 + (R_3 + R_4)I_3 = 0 \tag{8-18}$$

이것을 연립하여 풀어보면 각 loop의 전류성분은 다음과 같다.

$$I_1 = \frac{(R_1 + R_2)(R_3 + R_4)}{R_1 R_2 (R_3 + R_4) + R_3 R_4 (R_1 + R_2)} V \tag{8-19}$$

$$I_2 = \frac{R_1 (R_3 + R_4)}{R_1 R_2 (R_3 + R_4) + R_3 R_4 (R_1 + R_2)} V \tag{8-20}$$

$$I_3 = \frac{R_3 (R_1 + R_2)}{R_1 R_2 (R_3 + R_4) + R_3 R_4 (R_1 + R_2)} V \tag{8-21}$$

예를 들어 R_1을 흐르는 전류를 구한다면 $I(R_1) = I_1 - I_2$가 될 것이다. 여기서 만약 bridge가 balance 조건이라면 $I_{AB} = I_3 - I_2 = 0$이므로 $R_1 R_4 = R_2 R_3$이 되는 것을 다시 확인할 수 있다.

3 실험 장비

1. 직류 전압공급기

그림 8-9 | 직류 전압공급기.

2. 멀티미터

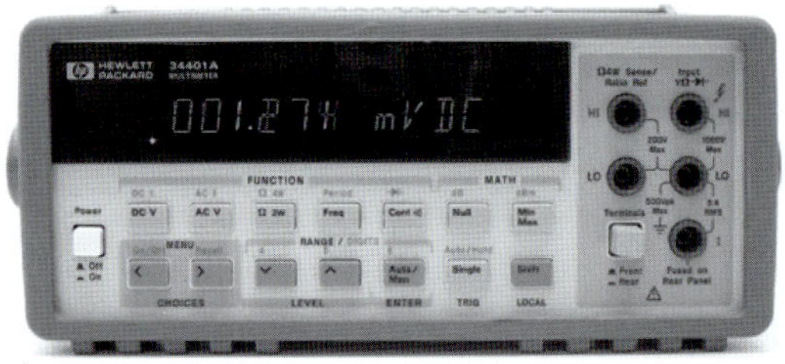

그림 8-10 | 다기능 멀티미터.

3. 검류계

그림 8-11 | 검류계.

4. Breadboard

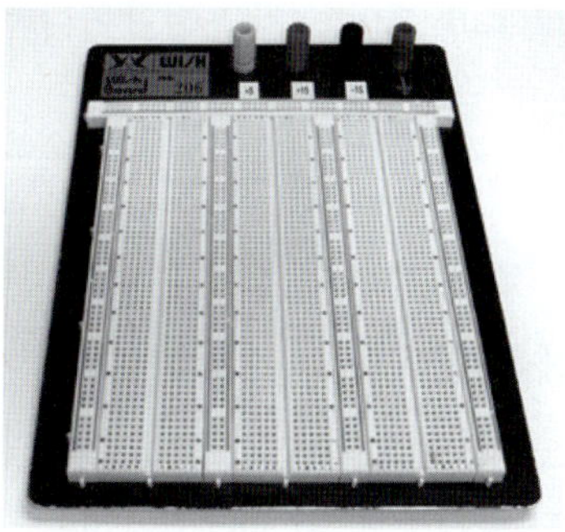

그림 8-12 | 회로구성용 breadboard.

5. BNC 연결 클립, BNC용 바나나 플러그

그림 8-13 | 연결 배선과 바나나 플러그.

6. 부품류

$R = 1\,k\Omega,\ 2\,k\Omega,\ 2.2\,k\Omega,\ 3\,k\Omega,\ 10\,k\Omega$ 가변저항.

4 실험 과정

Wheatstone bridge 실험

1. 검류계의 0점을 확인하고 필요시 일자 드라이버를 이용하여 0점을 정확하게 맞춘다.
2. breadboard를 이용하여 그림 8-2와 같은 회로를 구성한다. $R_1 = 1\,k\Omega$, $R_2 = 2\,k\Omega$, $R_3 = 2.2\,k\Omega$, $R_x = 10\,k\Omega$ full range 가변저항이다. 가변저항의 3번 단자는 사용하지 않는다. R_3를 미지의 저항으로 가정한다.
3. 실험에 앞서 R_1, R_2, R_3 각각의 정확한 저항값들을 멀티미터를 이용하여 측정한다.
4. 전압공급기의 전압을 $2\,V$로 설정한다. 이 때 멀티미터를 사용하여 정확한 전압이 출력되도록 미세전압조정을 한다.
5. $10\,k\Omega$ 가변저항기의 회전손잡이를 돌려가면서 검류계에 흐르는 전류가 0이 될 때 멈춘다. 검류계의 연결을 제거하고 R_x에 해당하는 가변저항기를 회로에서 꺼내 멀티미터로 저항값을 측정한다. R_3을 미지의 저항으로 가정했기 때문에 식 8-3을 이용하면

$$R_3 = \frac{R_1 R_x}{R_2} \tag{8-22}$$

이다. 이 식을 이용해서 계산한 값과 멀티미터로 직접 R_3을 측정한 값을 비교하여 본다.

Kirchhoff 법칙 실험

1. breadboard를 이용하여 그림 8-8과 같은 회로를 구성한다. 각 성분들의 값은 다음과 같다.
   $R_1 = 1\,k\Omega$, $R_2 = 2\,k\Omega$, $R_3 = 2.2\,k\Omega$, $R_4 = 3\,k\Omega$.
2. 실험에 앞서 R_1, R_2, R_3, R_4 각각의 정확한 저항값들을 멀티미터를 이용하여 측정한다.
3. 회로를 구성한 후 전압 $V = 4\,V$를 인가한다. 이 때 멀티미터를 사용하여 정확한 전압이 출력되도록 미세전압조정을 한다.
4. 멀티미터로 R_1, R_2, R_3, R_4 각각의 양단의 전압 $V(R_1)$, $V(R_2)$, $V(R_3)$, $V(R_4)$를 측정하여 기록한다. 이것을 각 저항값들로 나누면 저항을 통과해 흐르는 전류 $I(R_1)$, $I(R_2)$, $I(R_3)$, $I(R_4)$를 알 수 있다. 이것이 전류의 측정값에 해당한다.
5. 식 8-19, 식 8-20, 식 8-21식을 이용하여 R_1, R_2, R_3, R_4를 흐르는 전류값들을 계산하여 기록한다. 과정 4에서 측정한 전류값과 과정 5에서 계산한 값들을 비교해 본다.

1. Wheatstone bridge 회로

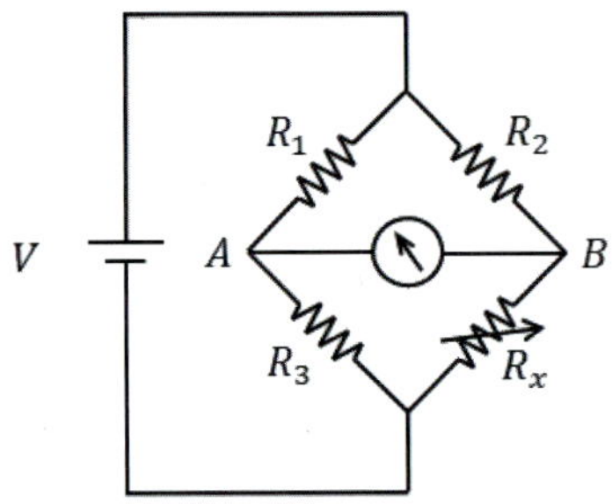

$V = 2\ V$

	표기값 (Ω)	실측값 (Ω)
R_1	1000	
R_2	2000	
R_3	2200	

검류계가 0일 때의 R_x 값

R_x	Ω

Wheatstone bridge를 이용한 R_3 측정값

R_3	Ω

$R_3 = \dfrac{R_1 R_x}{R_2}$. R_1과 R_2는 실측값을 사용한다.

2. Kirchhoff 법칙

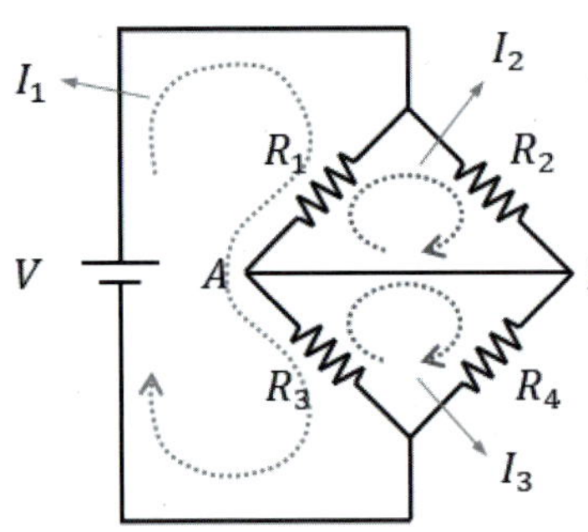

$V = 4\ V$

	표기값 (Ω)	실측값 (Ω)
R_1	1000	
R_2	2000	
R_3	2200	
R_4	3000	

(1) 실험 측정값

각 저항에 걸리는 전압차

$V(R_1)\ (V)$	$V(R_2)\ (V)$	$V(R_3)\ (V)$	$V(R_4)\ (V)$

각 저항을 흐르는 전류값

$I(R_1)\ (mA)$	$I(R_2)\ (mA)$	$I(R_3)\ (mA)$	$I(R_4)\ (mA)$

※ $I(R_1) = \dfrac{V(R_1)}{R_1},\ I(R_2) = \dfrac{V(R_2)}{R_2},\ I(R_3) = \dfrac{V(R_3)}{R_3},\ I(R_4) = \dfrac{V(R_4)}{R_4}$.

실험값이므로 각 저항값들은 실측값을 사용한다.

(2) 이론 계산값

수식 8-19, 8-20, 8-21을 이용한 전류 loop의 계산값

$I_1\ (mA)$	$I_2\ (mA)$	$I_3\ (mA)$

각 저항을 흐르는 전류값

$I(R_1)\ (mA)$	$I(R_2)\ (mA)$	$I(R_3)\ (mA)$	$I(R_4)\ (mA)$

※ $I(R_1) = I_1 - I_2,\ I(R_2) = I_2,\ I(R_3) = I_1 - I_3,\ I(R_4) = I_3$.

IC-PBL 과제

단풍이 예쁘게 물들어가던 어느 가을날, 연구실에서 회로실험을 하던 한양순양은 사용하는 저항, 축전기, 인덕터의 용량을 측정하기 위해 LCR 미터를 이용해 부품 용량들을 측정하고 있었다. (LCR 미터는 교류측정법을 사용하여 저항, 축전기, 인덕터의 용량을 측정할 수 있는 장비이다.)

몇 개의 저항과 축전기, 인덕터 부품들 용량을 측정한 후 사용하던 LCR 미터가 갑자기 꺼지면서 고장이 났다. 용량을 측정해야 할 축전기와 인덕터가 몇 개 남아있는 상황이었다. 난감해하던 한양순양은 문득 과거에 들었던 일반물리학실험 과목의 내용을 떠올리게 되었다. 당시의 수업에서 Wheatstone bridge를 이용하여 미지의 저항값을 측정하였던 실험이다.

한양순양은 저항 측정의 경우와 같이 Wheatstone bridge 구조를 이용하여 남아있는 축전기와 인덕터의 용량을 측정할 수 있을까? 그러기 위해서 필요한 기본적인 장비들은 무엇이 있을까?

9. Faraday의 전자기 유도법칙

1 실험 목적

현대 문명의 기반이 된 전기의 활용에 있어서 가장 핵심적인 물리현상인 전자기유도 현상에서의 유도기전력을 정량적인 실험을 통해 측정해본다. 유도현상과 함께 수반되는 유도기전력의 발생 방향을 결정하는 렌츠의 법칙도 실험을 통해 확인해본다. PBL 과제로서 움직이는 코일에 의해 발생하는 유도기전력을 측정하여 저항 R을 통해 소모된 전기에너지와 코일 진자의 진폭 변화를 측정, 비교함으로써 전기-역학적 에너지 보존을 확인해볼 수 있는 실험과정을 설계해본다.

2 이론

1. 개요

근대 산업혁명의 근간이었던 증기기관은 18세기 초 영국의 Newcomen에 의해 발명되었다. 이후 같은 나라의 James Watt는 이 증기기관을 개량하여 더욱 효율적인 동력원으로서의 가치를 부여하였고 곧이어 기계화된 공장의 출현, 증기기관차에 의한 운송능력의 발전 등에 의해 인류의 삶은 획기적인 변화를 맞이하게 되었다. 증기기관을 기반으로 제작되어 면사의 대량생산을 가능케 한 기계화된 방적기의 소리가 울려 퍼지기 시작하던 1790년대 초반의 영국에서 대장장이의 아들로 태어난 한 사람이 있었으니, 그가 바로 Michael Faraday 였다. 전기(electricity)의 역사상 가장 혁명적이라고 할 수 있는 전자기 유도현상을 발견하고 실험적으로 정립한 사람이다. 가난했던 그의 집안의 영향으로 Faraday는 오늘날로 치면 기본적인 수준의 초등교육밖에 받지 못했던, 미미한 학력의 소유자였다.

10 대 초중반에 서점업자의 견습생으로 생계전선에 나섰던 Faraday는 과학에 관한 많은 책을 접할 수 있었고 스스로 자신을 학습시키며 그가 공부한 내용들을 꼼꼼히 기록해나갔다. 이후 과학자들의 조수, 영국 왕립연구소의 조수로서 과학적 식견을 넓혀나가던 그는 전자기와 화학에 걸쳐 많은 실험과 연구를 진행하였다. 그가 발견한 전자기 현상들은 같은 영국의 과학자인 James C. Maxwell과 Oliver Heaviside에 의해 간단하면서도 명료한 수식들로 정리되어 오늘날 우리가 알고 있는 Maxwell 방정식에 포함되었다.

그는 과학자로서의 업적과 더불어 특유의 근면성실함과 겸손함으로도 인정받았던 사람이었다. 훗날 그는 자신이 조수로 근무했던 왕립연구소의 교수가 되었다. 그의 이름은 축전기의 축전용량을 표시하는 F(farad)에 부여되어 과학자로서의 그의 이름을 오늘날까지 우리에게 알리고 있다. 과학계에서 가장 입지전적인 인물로 존경받는 Faraday. 그가 남긴 유명한 문구를 하나 소개한다.

"ALL THIS IS A DREAM. Still examine it by a few experiments. Nothing is too wonderful to be true, if it be consistent with the laws of nature; and in such things as these, experiment is the best test of such consistency."

(사진 출처 - https://5minutebiographies.com/michael-faraday/)

그림 9-1 | Michael Faraday (1791 - 1867).

전자기 유도현상을 기술적으로 응용한 대표적인 과학자가 있었는데 오늘날 우리가 사용하는 유도전기모터를 최초로 개발한 Nikola Tesla였다. 그는 공학자이기는 했지만 업적을 인정받아 오늘날 자기장의 물리적 단위는 그의 이름 약자를 따서 T(tesla)라고 명명되었다.

2. 전자기유도

금속으로 이루어진 도선 안에 존재하는 전하(실질적으로 움직이는 전하는 전자이다)를 이동시키기 위해서는 전기장이 필요하다. 전기장은 도체의 어떤 두 지점 사이에 전위차를 가했을 때 발생한다. 전하는 전기장에 의해 전기력 $F = qE$를 받아 움직이는 것이다. (도체 내부에서 힘을 받은 전하는 무한정 가속운동을 하는 것이 아니고 물질 내부에서의 여러 가지 충돌현상을 거치면서 겉보기로는 평균적인 등속운동을 하는 것처럼 보이게 된다.) 전하가 움직이는 함을 받게 되는 것은 전기장에 의한 것뿐만 아니라 자기장에 의해서도 가능하다. 다음과 같은 상황을 살펴보자.

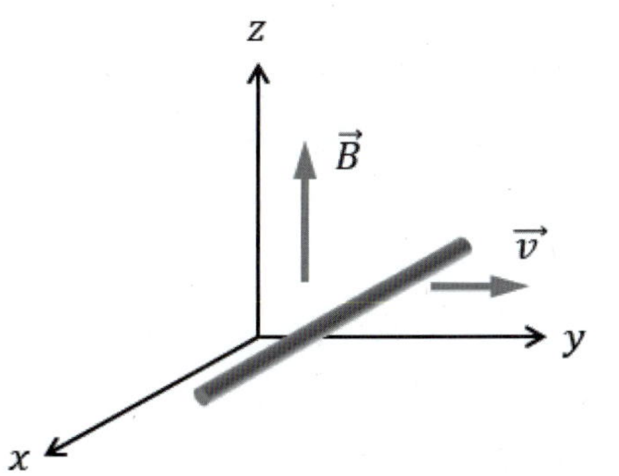

그림 9-2 | 자기장이 존재하는 공간에서의 도선의 운동.

그림에서와 같이 z축 방향으로 자기장이 존재하는 공간에 x축 방향과 평행하게 놓여 있는 직선 도선이 있다고 하자. 이 도선을 y축 방향으로 속력 v로 잡아끌었을 때, 도선 안에 존재하는 전하량 q인 움직일 수 있는 입자가 받는 자기력은

$$\vec{F}_{mag} = q\vec{v} \times \vec{B} \tag{9-1}$$

이고 이 힘에 의해 $+x$방향으로 움직이게 될 것이다. (q는 양의 전하로 가정하였다.) 이 때, 입자 입장에서는 자신에게 가해진 힘이 자기장에 의한 자기력이거나 또는 전기장에 의한 전기력이거나 상관없이 움직이게 되는 힘을 받는 것이다. 즉, 자기장 내에서 운동하는 전하는 전기장에 의한 것과 같은 영향력을 느끼게 된다. 이것을 조금 더 발전시켜 다음과 같은 폐회로를 만들어보자.

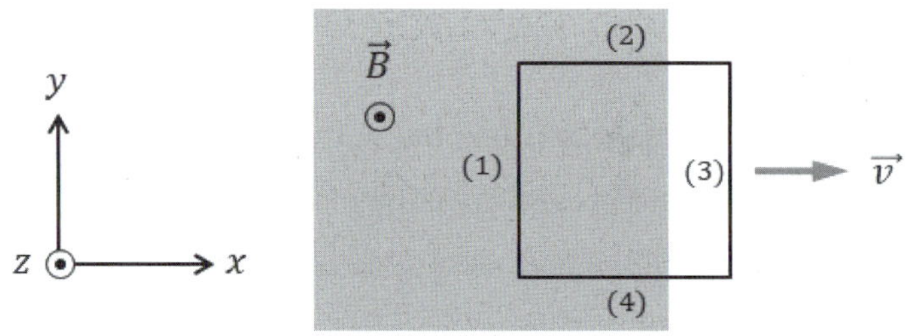

그림 9-3 | 자기장이 존재하는 공간에서의 폐회로 운동.

자기장은 회색으로 표시된 제한된 영역 내에서 지면 앞으로 나오는 방향을 향하고 있고, 이 때 사각형 도선의 폐회로를 오른쪽으로 속력 v로 잡아당겨 움직인다고 하자. (1)번 도선 영역에 있는 전하들은 $-y$ 방향으로의 힘을, (2)번과 (4)번 영역의 전하들은 각각 회로 바깥쪽으로 향해서 서로 상쇄되는 힘을, (3)번 영역에서는 자기장이 없기 때문에 0인 힘을 받는다. 따라서 (1)번 도선영역에서의 전하들이 받는 힘에 의해 전체적으로 반시계 방향으로 흐르는 전하의 흐름, 즉 전류가 발생하게 된다.

전도체 양단에 전압 V를 가하면 전도체 내에 전기장 E가 형성되고 전압과 전기장의 관계는 다음과 같다.

$$V = \int \vec{E} \cdot \vec{dl} \tag{9-2}$$

그림 9-3과 같은 경우, 전하를 움직이게 하는 원인은 전기장 $\vec{E}$가 아니고 자기력에 의한 힘 $\vec{F}_{mag}$이다. 그렇다면 수식 상 9-2식에서의 $\vec{E}$와 같은 역할, 즉 단위전하 당 힘을 $\vec{F}_{mag}$로부터 표현해보면 $\vec{F}_{mag}/q$이다. 이것을 식 9-2에 대입해보면 $\int (\vec{F}_{mag}/q) \cdot \vec{dl}$로 쓸 수 있다. 이 때 적분범위는 위 폐회로 도선 상의 전체 전하가 받는 힘의 합에 해

당한다고 볼 수 있기 때문에 폐회로를 한 바퀴 돌아서 진행하는 선적분이 된다. 이렇게 계산한 전압 차에 해당하는 양을 유도기전력(electromotive force) ε이라고 한다.

$$\varepsilon = \oint \left(\frac{\overrightarrow{F}_{mag}}{q} \right) \cdot \overrightarrow{dl} \tag{9-3}$$

이름에 힘이라는 의미의 단어가 사용된 것은 전자기학이 제대로 정립되기 이전의 시절에 관례적으로 사용되던 용어가 이어 내려온 것으로 보인다. 정리하면, 유도기전력의 본질은 자기력으로부터 나온 것이다.

Faraday는 일련의 실험들을 거쳐 어떤 폐회로 내의 유도기전력이 자기다발(magnetic flux)이라고 정의된 Φ와 다음과 같은 관계가 있다는 것을 발견하였다.

$$\varepsilon = -\frac{d\Phi}{dt}, \quad \left(\Phi \equiv \int \overrightarrow{B} \cdot \overrightarrow{da}\right) \tag{9-4}$$

이것을 Faraday의 유도법칙이라고 한다.

여기서 Φ는 어떤 폐회로가 차지하는 영역이 받게 되는 자기장에 의한 영향의 총합이라는 개념으로 이해할 수 있다. 식 9-4에서의 (-) 부호의 의미는 자기장에 의한 영향(Φ)의 시간에 대한 변화($d\Phi/dt$)의 반대방향, 즉 폐회로에 가해지는 자기장에 의한 영향을 줄이는 방향으로 유도기전력이 발생한다는 의미이며, 이러한 유도기전력의 발생 방향에 대한 규칙을 Lenz의 법칙이라고 한다. 요약하면, 자연계에서 어떤 시스템은 그 시스템의 안정적인 상태를 유지하려는 경향이 있어서, 상태의 변화를 가져오는 외부의 영향력을 상쇄하려는 변화가 시스템 내부에서 발생한다는 의미이다.

이 모든 수식적 내용들은 수많은 실험결과들을 분석하고 이에 부합하는 물리적 측정량들과의 관계를 파악하는 과정에서 만들어진 것들이다.

3. 실험내용

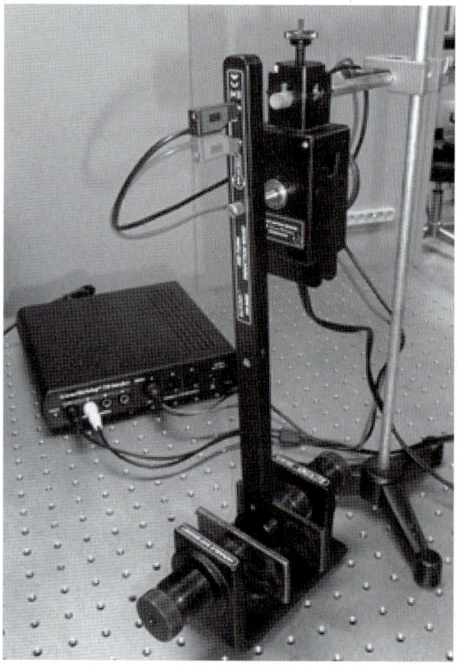
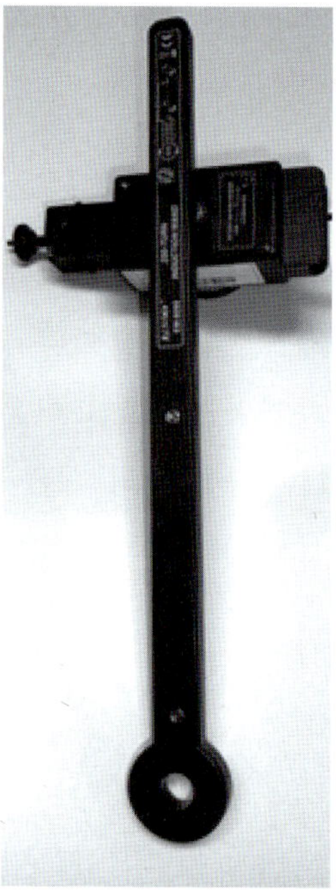

그림 9-4 | 전자기 유도 실험장치.

그림 9-4는 실험에서 사용하는 전자기 유도 장치이다. 막대기 형태의 물체는 회전 진동자인데 상단의 회전축에 고정되어 자유롭게 회전할 수 있고 그 아래쪽을 보면 구멍이 뚫려있는 원형고리모양으로 되어있다. 전선이 코일 모양으로 감겨있는 부분이다. 상단에는 코일의 두 전극에 연결할 수 있는 연결단자가 있다. 그림 아래쪽에 있는 것이 영구자석이다. 실험에서는 진동자의 코일이 자석 사이를 지나가도록 배치할 것인데, 이때 코일은 자기다발 Φ의 변화를 느끼게 되고 이에 의한 기전력 ε이 코일에 발생한다. 9-2식과 9-3식을 통해 알아보았지만 유도기전력은 기본적으로 전압차를 의미한다. 따라서 유도기전력을 측정하기 위해 코일의 연결단자를 측정 장치(750 인터페이스)의 전압측정단자에 연결하게 된다.

자기장 센서는 마찬가지로 측정 장치에 연결하여 사용하는데, 영구자석의 자기장 B를 측정하고 자석의 극성을 파악하는데 사용한다. 다음 그림은 회전 진동자의 진동운동을 나타낸 것이다.

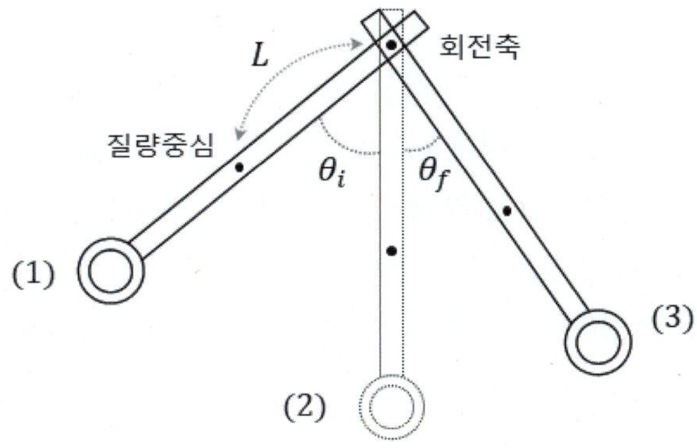

그림 9-5 | 회전 진동자의 운동.

일반물리학 강좌를 통해 3차원적인 물체의 경우, 물체 전체의 운동을 기술하는 것 보다는 질량중심에 대한 운동을 기술함으로써 조금 더 쉽게 물체의 역학적 특성을 파악할 수 있다는 것을 배웠을 것이다. 따라서 회전 진동자가 가지고 있는 중력 퍼텐셜에너지는 진동자의 질량중심이 가지고 있는 퍼텐셜에너지로 쓸 수 있다. 질량중심이 가장 아래에 놓이게 되는 (2)번 상태의 위치를 기준점으로 하면 (1)과 (3)의 상대적인 퍼텐셜에너지를 기술할 수 있다.

진동자의 코일에 발생하는 유도기전력은

$$\varepsilon = -\frac{d\Phi}{dt} = -\frac{d}{dt}\left(\int \vec{B} \cdot d\vec{a}\right) = -\frac{d}{dt}(BNA) = -NA\frac{dB}{dt} \tag{9-5}$$

이다. 코일이 느끼는 자기장의 방향과 코일의 원형 도선면의 수직방향으로 정의되는 $d\vec{a}$의 방향이 같으므로 코일의 면적 적분범위에 대해서 $\int \vec{B} \cdot d\vec{a} = BA$ (A는 코일의 면적)이고 코일의 감은 수가 N이면 코일은 N배의 자기다발을 느끼므로 9-5식의 결과를 얻게 된다. 실험에 사용된 코일의 감은 수는 $N = 200$이다. 코일의 평균적인 반지름을 r이라고 하면 9-5식은

$$\varepsilon = -N\pi r^2 \frac{dB}{dt} \tag{9-6}$$

로 쓸 수 있다.

진동자의 상단에 있는 코일의 연결단자에 그림 9-7과 같이 저항 R을 연결하였다고 가정하자. 그림 9-5의 (1)번 초기 상태에서 잡고 있던 진동자를 놓게 되면 진동자는 회전운동을 하면서 (2)의 최저점을 지나 (3)의 높이까지의 운동을 하게 된다. 만약 진동자가 자석 사이를 지나가지 않고 회전축에서 미세하게 존재하는 마찰력을 무시한다면 진동자는 (3)의 높이보다 더 올라가서 (1)에서의 높이와 비슷한 지점까지 상승할 수 있을 것이다. 그러나 진동자의 코일이 자석 사이를 지나가게 되면 유도기전력이 코일에 발생하고 이에 의한 유도전류가 회로에 흘러 저항 R에서는 Joule heating이 발생하고 전기에너지가 비가역적인 열에너지로 변환된다. 즉, 진동자가 가지고 있던 (1)에서의 중력 퍼텐셜에너지의 일부가 전기에너지로 변환되고 전기에너지는 열로써 방출되는 셈이다. 또한 현실적으로 존재하는 회전축에서의 마찰로 인한 마찰열 손실도 있을 것이기 때문에 진동자가 (3)의 상태로 진행할 때는 (1)의 높이만큼 도달하지는 못한다. 이러한 내용을 에너지 관계식으로 정리해보면,

$$Energy\ loss = U_f - U_i = mgh_f - mgh_i = mgL(\cos\theta_f - \cos\theta_i) \tag{9-7}$$

와 같다. 한편 저항을 통해서 발생한 열에너지는 다음과 같이 쓸 수 있다.

$$E_{heat} = \int P dt \tag{9-8}$$

여기서 P는 전력이다. 이것은 회전 진동자가 운동하는 시간에 따라 발생하는 유도전류의 크기가 시시각각 달라지기 때문에 진동자가 영구자석을 한번 지나갈 때 대략적으로 그림 9-6과 같은 모양을 가진다고 추정할 수 있다. $P-t$ 그래프에서 곡선 아래의 면적이 E_{heat}이다.

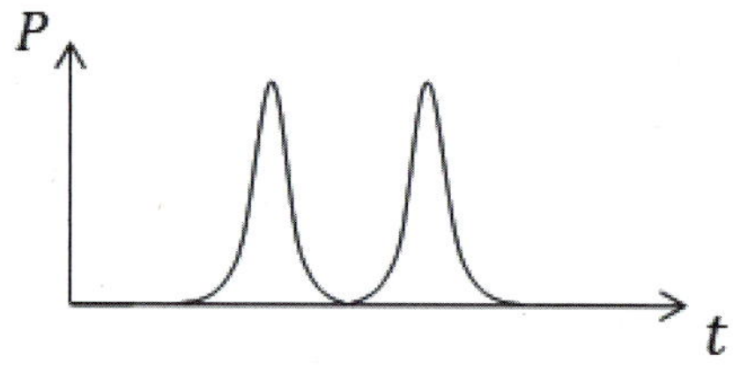

그림 9-6 | 회전 진동자와 연결한 저항기에서 발생하는 전력의 시간에 대한 변화.

코일과 연결된 회로에서의 저항은 R뿐만 아니라 코일 자체의 저항도 있기 때문에 이것을 R_c라고 하면, 전력 P는

$$P = I^2 (R + R_c) = \left(\frac{V}{R}\right)^2 (R + R_c) \tag{9-9}$$

와 같다. 그림 9-7과 같은 등가회로를 통해 좀 더 쉽게 파악할 수 있다.

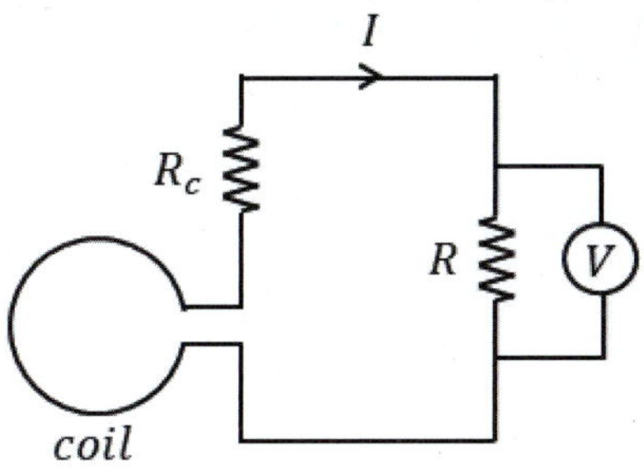

그림 9-7 | 회전 진동자 코일에 대한 등가회로.

그림 9-7은 진동자의 코일이 연결된 회로를 도식화한 것인데, 코일이 가지는 저항값 R_c를 별도로 표시한 것이고 실험에서는 750 측정기가 저항 R의 양단에 걸리는 전압을 측정하여 전류에 대한 정보를 알게 된다. 실험에 쓰인 저항과 코일의 저항값은 $R = 4.7\,\Omega$, $R_c = 1.9\,\Omega$ 이다. 저항값들이 작기 때문에 진동자 상단에 저항과 전압측정용 도선을 연결할 때 접촉저항이 발생하지 않도록 주의한다.

실험의 내용을 정리하자면, 진동자 코일이 영구자석에 접근할수록 코일에는 유도전류가 생성되어 외부요소인 영구자석의 N극과 S에 대항하도록 코일 자체가 전자석으로서 자기장과 그 방향이 만들어지며 두 개의 자석(영구자석과 전자석)사이에 자기력이라는 힘이 작용하여 일을 하게 된다(전기에너지의 소모). 코일에 생성되는 유도전류는 코일이 영구자석에 접근할 때와 영구자석을 지나 멀어질 때 크기와 방향이 어떻게 변화될지 상상해보기 바란다.

3 실험 장비

1. 코일진자 및 회전운동센서 어셈블리

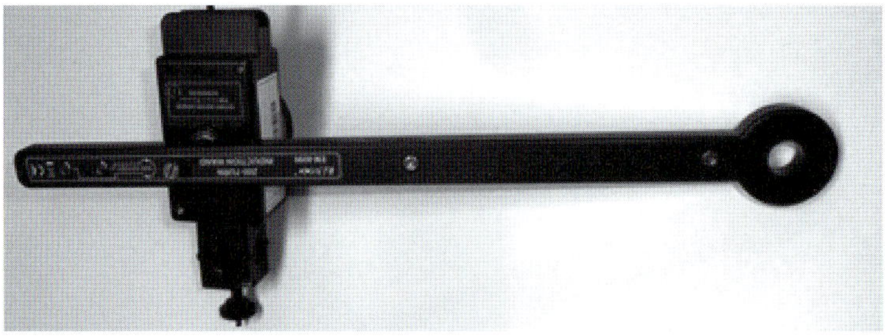

그림 9-8 | 회전 진동자 코일과 회전운동 센서.

2. 영구 자석

그림 9-9 | 간극 조절이 가능한 영구자석.

3. ScienceWorkshop 750 interface

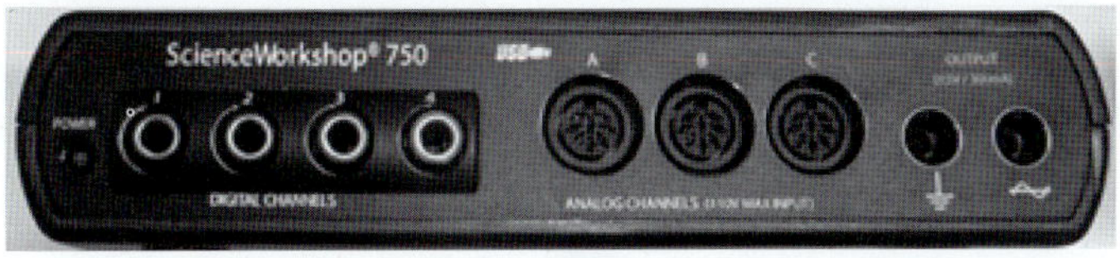

그림 9-10 | 750 interface 장치.

4. 750 interface용 전원공급기 (직류 $12\ V$, $1.5\ A$)

그림 9-11 | 750 interface용 전원.

5. 컴퓨터 연결용 USB 연결선

그림 9-12 | USB 연결선.

6. 그림 9-4의 지지대와 각종 클램프

7. 자기장 센서 (750 interface에 연결하여 사용한다.)

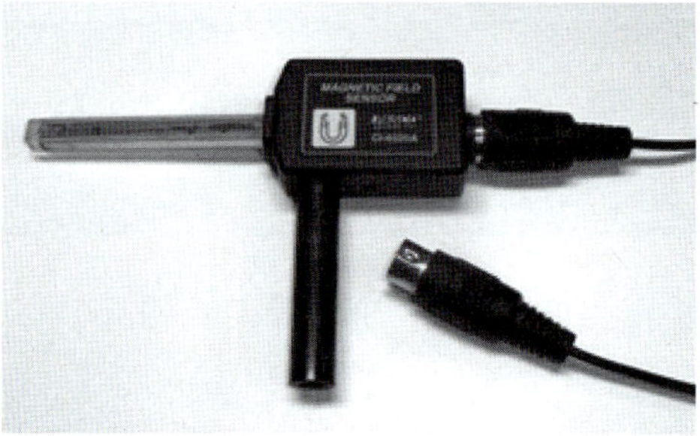

그림 9-13 | 자기장 센서.

8. 750 interface 연결용 배선

그림 9-14 | 진동자 코일과 750 측정장치를 연결하기 위한 배선.

9. $4.7\,\Omega$ 저항 바나나 플러그

그림 9-15 | $4.7\,\Omega$ 저항이 달린 바나나 플러그.

10. 실험용 컴퓨터

4 실험 과정

실험장치 셋업

1. 그림 9-4와 같이 장치들을 조립한다. 회전 진동자의 코일 중심이 영구자석의 중심선과 일치하도록 코일진자-회전운동센서 어셈블리 높이를 조절하여 고정시킨다. 자유로운 회전운동이 일어날 수 있도록 고정나사의 위치를 잘 설정한다. 막대형 회전 진동자의 위 끝부분에 750 인터페이스용 배선을 연결하고 배선은 회전운동에 지장이 되지 않도록 그림 9-4에서와 같이 잘 걸쳐진 상태를 유지하도록 한다. 이 배선은 750 인터페이스의 아날로그 입력채널 A에 연결한다. 채널 A는 전압측정단자로서 코일의 유도기전력을 측정한다.
2. 회전운동 센서에 연결되어 있는 한 쌍의 연결배선은 750 인터페이스의 디지털 입력채널 1, 2에 연결한다. 자기장 센서의 배선은 750 인터페이스의 아날로그 입력채널 B에 연결한다.
3. 컴퓨터 배경화면에서 'Faraday's law.cap' 라는 Capstone 프로그램용 파일을 실행한다. 프로그램 화면이 열리면 상단 메뉴바 아래에 'induced emf'라는 window가 보일 것이다.

유도기전력 측정

1. 영구자석의 양쪽에 평판을 설치한다. 이것의 사용목적은 비교적 균일한 자기장이 형성되는 공간을 만들기 위함이다. 평판 사이의 간격은 $2\,cm$로 설정한다.
2. Capstone 프로그램에서 'induced emf' window를 선택한다. 화면 왼쪽 아래의 'Record' 버튼을 클릭하여 프로그램을 구동시킨 후 자기장 센서를 정확하게 두 자석의 중앙에 위치시킨 후 화면에 표시되는 자기장의 세기를 확인하여 기록한다. 센서의 면과 자기장의 방향이 수직이 되도록 유지한다. 자기장은 여러 번 측정하

여 신뢰할만한 값을 선택한다. 자기장 세기 측정이 완료되었으면 Stop 버튼을 눌러 측정을 중단한다. 자기장 센서는 더 이상 필요하지 않기 때문에 750 인터페이스로부터 연결을 해제한다.

3. 회전진동자를 지정된 각도만큼 위치시킨 후 Capstone 프로그램의 'Record' 버튼을 누른 후 잡고 있던 회전진동자를 놓아 자유롭게 회전시킨다. 화면에 그림 9-16과 같은 유도기전력 측정곡선이 나타날 것이다. 1회 왕복운동을 하면 두 쌍의 상하 피크 곡선이 얻어진다. 경우에 따라 그림 9-16의 곡선이 뒤집어진 형태로 보일 수가 있는데, 이것은 자석의 $N-S$극의 방향 또는 회전진동자 상단의 전압측정단자의 빨간색 (+)극, 검은색 (−)극 단자를 바꾸면 그림 9-16과 같은 측정결과를 얻을 수 있다. 4-5개 정도의 상하 피크 곡선 쌍이 얻어지면 'Stop'을 눌러 데이터 수집을 중단한다.

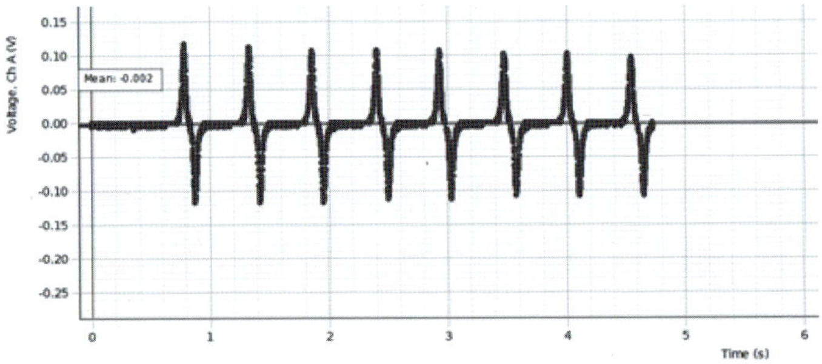

그림 9-16 | 유도기전력 측정화면 1.

4. 측정그래프 상단 테두리에 마우스를 위치시키면 그래프분석 툴 메뉴가 나타나는데 이것을 이용해서 최초의 상부 피크 곡선 하나를 선택하여 Δt, 평균전압 ε_{avg}을 구해 기록한다. 먼저 영역을 선택하고 면적과 평균값을 구한다. (ε_{avg} = 전압곡선의 면적/Δt)

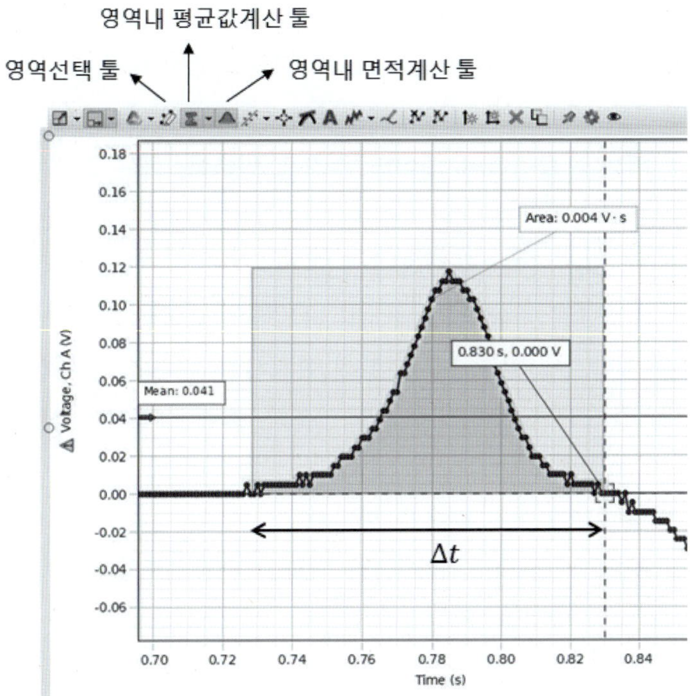

그림 9-17 | 유도기전력 측정화면 2.

렌츠의 법칙 실험

1. 새로운 '전압-시간' 그래프를 만든다.
2. 앞서 자기장센서를 이용한 측정에서 자석의 $N-S$극의 방향을 확인한다.
3. 회전진동자를 영구자석의 중앙에 위치시킨다. 프로그램 하단의 'Record' 버튼을 클릭하여 프로그램을 실행시킨다.
4. 손으로 재빠르게 진동자 코일을 오른쪽으로 회전시켜 자석 평판 밖으로 빼낸다. 'Stop' 버튼을 클릭하여 데이터 수집을 멈춘다. 화면 그래프를 캡쳐하여 저장한다. (Run1)
5. 회전진동자를 영구자석의 중앙에 위치시킨다. 프로그램 하단의 'Record' 버튼을 클릭하여 프로그램을 실행시킨다.
6. 손으로 재빠르게 진동자 코일을 왼쪽으로 회전시켜 자석 평판 밖으로 빼낸다. 'Stop' 버튼을 클릭하여 데이터 수집을 멈춘다. 화면 그래프를 캡쳐하여 저장한다. (Run2)

7. 회전진동자를 자기장 영역으로부터 충분히 멀어지도록 오른쪽으로 회전시켜 잡고 있는 상태에서 프로그램 하단의 'Record' 버튼을 클릭하여 프로그램을 실행시킨다. 회전진동자를 재빠르게 영구자석을 향해 회전시킨 후 자석의 중심에 멈추게 한다. 'Stop' 버튼을 클릭하여 데이터 수집을 멈춘다. 화면 그래프를 캡쳐하여 저장한다. (Run3)
8. 회전진동자를 자기장 영역으로부터 충분히 멀어지도록 왼쪽으로 회전시켜 잡고 있는 상태에서 프로그램 하단의 'Record' 버튼을 클릭하여 프로그램을 실행시킨다. 회전진동자를 재빠르게 영구자석을 향해 회전시킨 후 자석의 중심에 멈추게 한다. 'Stop' 버튼을 클릭하여 데이터 수집을 멈춘다. 화면 그래프를 캡쳐하여 저장한다. (Run4)
9. 과정 4, 6, 7, 8에서 얻어진 내용을 바탕으로 코일이 영구자석으로부터 멀어질 때와 가까워질 때의 magnetic flux Φ의 변화를 바탕으로 얻어진 그래프들을 해석하여 유도기전력의 방향을 유추해본다.

회전진동자 코일 규격

코일의 감긴 횟수 : 200회

코일 외경 : 3.1cm ($2r_{\text{out}}$)

코일 내경 : 1.9cm ($2r_{\text{in}}$)

코일 면적 : $A = \pi r_{\text{avg}}^2 = \pi\left(\frac{r_{\text{out}} + r_{\text{in}}}{2}\right)^2 = 4.91 \times 10^{-4}\ m^2$

유도기전력 측정

자기장센서로 측정한 B_{center} : (T)

측정	각도 (°)	$\Delta t\ (s)$	측정된 $\varepsilon_{avg}\ (V)$	이론값 $\varepsilon\ (V)$
1	30			
2	45			
3	60			
4	75			
5	90			

※ ΔB는 코일이 느끼는 자기장의 변화량이므로

$B_{\max} - B_{\min} = B_{center} - 0 = B_{center}$ 이다.

유도기전력 이론값 : $\varepsilon = -NA\frac{\Delta B}{\Delta t}$ (Δt와 ΔB는 실측값을 사용한다.)

렌츠의 법칙 실험

실험과정에서 확보한 Run1, Run2, Run3, Run4의 그래프를 스케치하여 기록한다.

IC-PBL 과제

앞서 다른 실험에서 살펴본 RLC회로의 경우 교류전압이 인가되어 교류전류가 흐를 때 전력을 소비하는 요소는 저항뿐이었다. 현실적으로는 코일의 경우도 전선을 여러 번 감아놓은 형태이기 때문에 짧은 도선들에 비해 유한한 저항이 존재하여 Joule heating에 의한 열손실이 발생한다. 실험에서 사용한 회전진동자 코일의 경우 $1.9\,\Omega$의 저항이 존재한다.

한편 회전진동자는 회전과정에서 회전축에서의 기계적인 마찰에 의한 에너지 손실도 겪게 된다. 아래 그림 9-18(a)는 우리가 앞서 실험한 회로이다. 실험장비에서의 9번 부품인 $4.7\,\Omega$ 저항이 달린 바나나 플러그를 사용하여 그림 9-18(b)와 같은 회로를 만들어 $4.7\,\Omega$ 저항이 소비하는 열에너지를 구하고자 한다.

정확하게 외부저항에서만의 에너지손실을 측정하기 위해서 고려해야 할 요소들을 살펴보고, 측정을 위한 실험과정을 설계하고 측정결과를 분석해본다. Capstone 프로그램을 활용한 측정용 소프트웨어도 구성해본다.

※ 저항이 소모하는 에너지의 발생 기원이 어디부터인지 파악하여 실험을 설계한다.

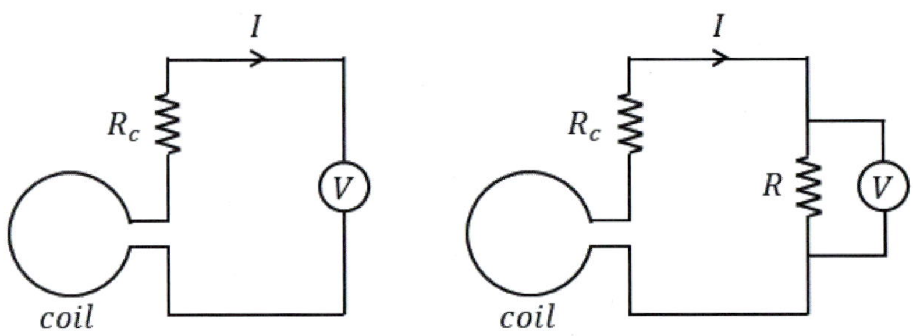

(a) (b)

그림 9-18 | 외부저항에 의한 전력손실 측정 회로.

10. 빛의 간섭(interference)과 회절(diffraction)

1 실험 목적

빛의 근본적인 특성을 알아볼 수 있는 여러 가지 현상 중에 가장 대표적인 것이 빛의 간섭과 회절 현상이다. 이 두 가지는 빛의 파동성을 명확하게 드러내기도 하지만 오늘날의 첨단 광학실험들에서도 그 원리를 이용하고 있다.

단일 슬릿, 이중 슬릿을 이용하여 간섭현상과 회절에 의한 간섭효과를 실험적으로 관찰해보고 측정한 정보로부터 실험에 사용된 슬릿의 폭, 슬릿 사이의 간격 등을 구해본다.

2 이론

1. 개요

빛은 사람의 눈으로 직접 볼 수 있는 관찰의 대상이기 때문에 빛의 성질에 관한 연구는 오랜 역사를 가지고 있다. 과거로부터 빛이 입자인지 파동인지에 관한 해석은 과학자들 사이에서 많은 논쟁을 불러일으켰다. 광범위한 물리적인 현상들에 있어서 에너지의 변화가 수반되었는데, 특히 역학에서 에너지의 전달은 두 가지 관점에서 이해할 수 있다. 정지해있던 당구공을 다른 당구공이 달려와서 충돌을 하게 되면 정지해있던 것은 충돌이후 유한한 속도를 가지게 되므로 운동에너지가 증가한 것이다. 반면 달려와서 충돌한 당구공은 속도가 줄어들어 운동에너지를 잃어버린 것이다. 이렇듯 입자는 충돌현상을 통해 에너지를 주고받을 수 있다. 한편 고요한 호수의 수면위에 돌을 하나 던지면 돌이 입수한 지점 근처에 떠있던 스티로폼 조각은 발생한 물의 출렁임에 의해 위아래로 움직이는 운동을 하게 된다. 스티로폼이 받은 에너지는 돌이 물로 입수하면서 수면과의 충돌로 인해 속도가 줄어들고, 충돌의 충격을 받은 물 입자의 집단적인 움직임인 파동을 통해 운동에너지가 스티로폼 조각으로 전달된 것이다. 이렇듯 역학적 에너지의 변화는 입자와 파동이라는 두 가지 관점을 가지고 접근할 수 있다.

역학의 대부 뉴턴은 빛을 입자라고 생각하였다. 물론 20세기 양자역학의 발전으로 빛이 입자로서의 성질을 가지는 측면이 있다는 것은 실험적으로도 이미 잘 알려져 있는 사실이다. 그러나 뉴턴의 시대에 빛을 입자라고 생각했던 것은 양자역학적 관점에서의 입자성과는 다른, 당시의 명확한 실험적 근거에 기반을 둔 것은 아니었다.

2. 이중 슬릿에서의 간섭

빛을 파동으로 볼 수 있다는 주장은 여러 가지 과학적 실험들에 의해 밝혀져 왔는데, 가장 유명한 역사적인 실험은 영국의 과학자 Thomas Young(1773 - 1829)이 진행했던 이중슬릿을 이용한 빛의 간섭실험이었다(1801년).

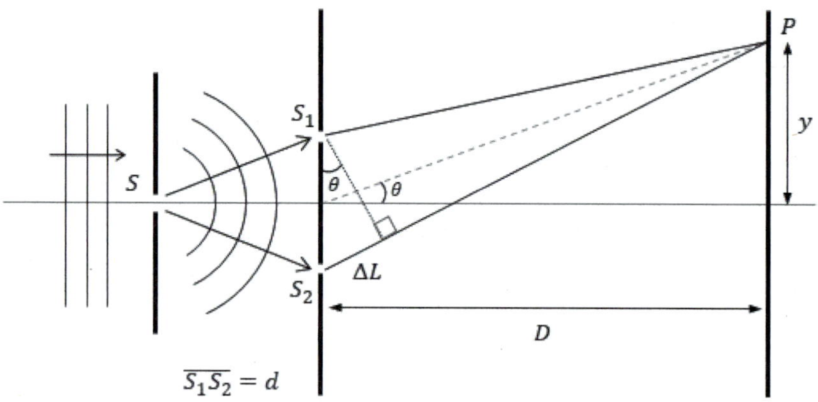

그림 10-1 | Young의 이중 슬릿 실험 개요도.

간섭현상이 발생하는 과정을 살펴보자. 그림 10-1의 왼쪽에는 단일파장의 빛이 평면파 형태로 슬릿 S를 향해 진행하고 있다. (레이저 광원이 단일파장의 coherent한 직진하는 빛이다.) 빛은 슬릿을 통과한 후 호이겐스의 원리에 의해 회절되어 구면파 형태로 퍼져나간다. 동일한 위상을 가지는 두 성분의 빛이 가까이 위치해있는 슬릿 S_1과 S_2에 각각 도달하여 슬릿을 통과한 후 두 빛은 슬릿 S를 통과한 때처럼 구면파형태로 퍼져 나가다가 스크린 상의 특정한 위치에서 만나 간섭을 일으킨다. 그림에서 슬릿 S_1과 S_2 사이의 거리가 d이고 오른쪽의 스크린 상의 위치 P에 도달하는 두 빛의 경로차를 구해보면 다음과 같다.

$$\Delta L = \overline{S_1P} - \overline{S_2P} \simeq d\sin\theta \tag{10-1}$$

그림 10-1은 실제 길이들의 크기 비율대로 그려진 것이 아니라서 약간의 왜곡이 들어 있지만 이중슬릿 사이의 간격이 매우 좁기 때문에 식 10-1과 같은 근사가 가능하다. 스크린의 P점에서 보강간섭이 일어나기 위한 조건은 경로차가 파장의 정수배이어야 하므로

$$\Delta L = d\sin\theta = m\lambda \tag{10-2}$$

이고, 상쇄간섭이 일어나기 위한 조건은

$$\Delta L = d\sin\theta = (m+\frac{1}{2})\lambda \tag{10-3}$$

이다.

빛은 전자기파의 일종으로 전자기파를 구성하는 전기장 성분 $\overrightarrow{E}$ 또는 자기장 성분 $\overrightarrow{B}$를 가지고 표현할 수 있는데, 빛의 세기(intensity) I는 전기장 성분과 $I \propto \langle E^2 \rangle$인 관계가 있다. (꺽인 괄호는 시간에 대한 평균을 의미한다. intensity와 irradiance는 비슷하면서도 조금 다른 의미를 가지고 있는데 여기서는 구분하지 않겠다.)

스크린의 위치 P에서 만나는 두 빛의 성분의 세기가 각각 I_o이면 스크린 상에서 간섭을 통해 합쳐진 빛의 세기는 전자기학에서의 계산을 거쳐 다음과 같이 얻어진다.

$$I = 4I_o\cos^2\left(\frac{\delta}{2}\right) \tag{10-4}$$

여기서 δ는 간섭을 일으키는 두 빛의 위상차이다. 경로차와 파동의 위상차는 $\lambda : 2\pi = \Delta L : \delta$ 인 관계가 있고 θ가 작다면 $\sin\theta \simeq \tan\theta = \frac{y}{D}$로 쓸 수 있으므로 식 10-4는 다음과 같이 쓸 수 있다.

$$I = 4I_o \cos^2\left(\frac{\pi d}{\lambda}\sin\theta\right) = 4I_o \cos^2\left(\frac{\pi \Delta L}{\lambda}\right) \simeq 4I_o \cos^2\left(\frac{\pi d y}{\lambda D}\right) \qquad (10\text{-}5)$$

빛의 세기를 y축 좌표값에 대해 그려보면 다음 그림과 같다.

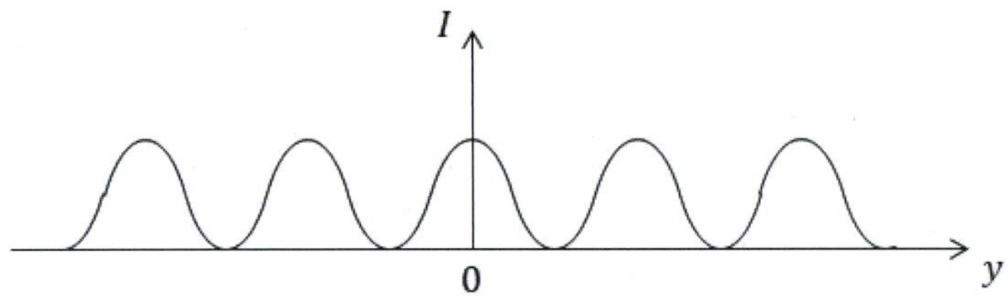

그림 10-2 | Young의 이중슬릿 간섭무늬.

이것이 우리가 실험에서 관찰하게 되는 이중슬릿의 간섭무늬이다.

3. 단일슬릿에서의 회절

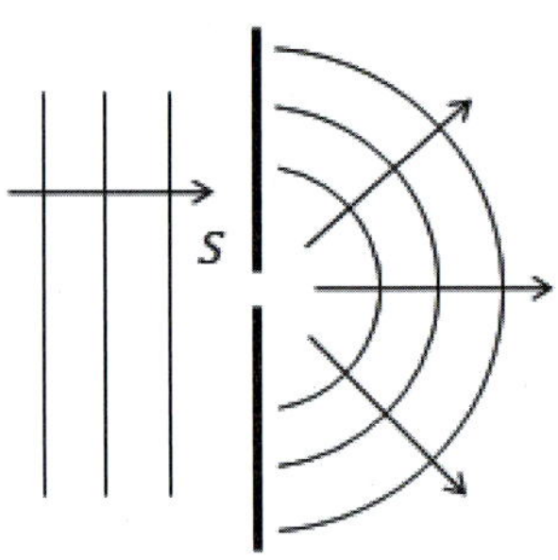

그림 10-3 | 좁은 단일슬릿에서의 회절 현상.

회절은 파동으로서의 특징 중 하나이다. 그림 10-3과 같이 평면파로 진행하던 빛이 좁은 슬릿을 지나면서 퍼져나가는 현상을 회절이라고 한다. 회절현상의 특징적인 면모는 회절과정에서의 간섭 현상이다.

그림 10-4에 너비가 a인 가늘고 긴 슬릿이 있다. 그림에서는 가느다란 슬릿 너비를 확대해서 표현한 것이다. 파장이 λ인 평면파가 슬릿을 통과하면서 Huygens의 원리에 의해 여러 방향으로 회절해서 나간다. 그림에서는 상징적으로 네 개의 방향으로 진행하는 빛의 성분들을 표현한 것인데, 엄밀하게는 이 네 개의 성분이 완벽하게 평행을 이루면서 진행하는 것은 아니고 이중 슬릿에서의 경우와 같이 각도 θ가 크지 않을 때 근사적으로 평행하다고 볼 수 있다. 이 빛들은 렌즈를 거친 후 집속되어 스크린상의 한 점에서 만나 간섭을 일으킨다.

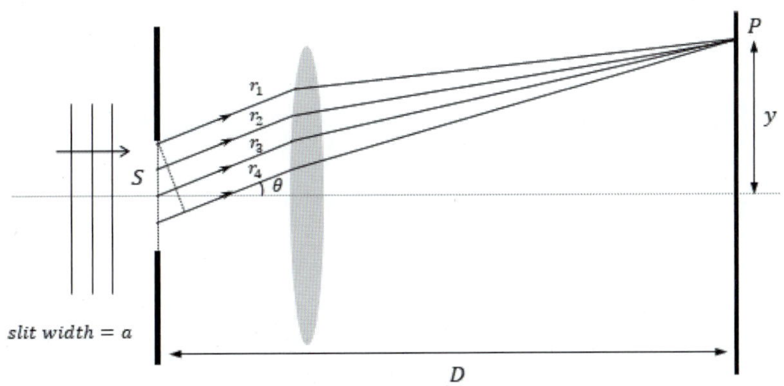

그림 10-4 | 단일슬릿을 통한 회절 과정에서의 간섭. 슬릿의 너비는 a이고 슬릿의 길이는 지면에 수직인 방향으로 너비 a에 비해 상당히 길다고 가정한다.

따라서 이 경우에도 스크린에 밝고 어두운 무늬가 반복되는 간섭무늬를 만들어낼 것이다. 단일슬릿에 의한 회절의 경우 간섭의 결과로 얻어지는 스크린 상에서의 빛의 세기는 $a \ll D$인 경우에 대해 Fraunhofer 근사를 사용하여 다음과 같은 계산결과를 얻게 된다. 계산과정은 본 교재의 범위를 넘어서기 때문에 생략한다.

$$I = I_o\left(\frac{\sin\beta}{\beta}\right)^2 \tag{10-6}$$

여기서 I_o는 스크린 중앙에서 관측되는 가장 센 빛의 세기이고 β는

$$\beta = \frac{\pi a}{\lambda}\sin\theta \tag{10-7}$$

이다. $\sin\beta/\beta$는 sinc 함수라고 하는, 다소 독특한 형태의 함수로서 그림 10-5와 같다. $(\sin\beta/\beta)^2$가 극대값이 되는 β는 $\pm 1.43\pi$, $\pm 2.46\pi$, $\pm 3.47\pi$ 등으로 함수계산표에 의존을 해야 하기 때문에 이용하기가 불편하고, 그래프를 보면 $(\sin\beta/\beta)^2$의 값이 최소값 0이 되는 지점은 쉽게 알 수 있다. 빛의 세기가 0이 되는 지점들이므로 상쇄간섭이 일어나는 곳들이다.

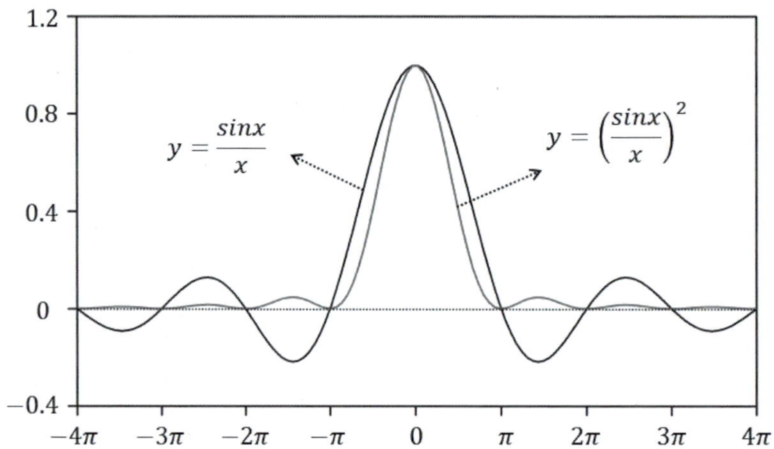

그림 10-5 | sinc 함수 $y=\dfrac{\sin x}{x}$와 $y=\left(\dfrac{\sin x}{x}\right)^2$.

따라서 회절에 의한 어두운 무늬의 상쇄간섭 위치에 대해

$$\beta = \pm\pi,\ \pm 2\pi,\ \pm 3\pi,\ \ldots = \pm m\pi \tag{10-8}$$

를 얻는데, ± 부호는 스크린의 중심대칭에 대한 정보이므로 (+)값만 선택하면 $\beta = m\pi$ 이다. 10-7식에 대입하면 다음의 결과를 얻는다.

$$m\pi = \frac{\pi a}{\lambda}\sin\theta \ \rightarrow\ a\sin\theta = m\lambda \tag{10-9}$$

$\sin\theta \simeq \tan\theta = \frac{y}{D}$ 이므로

$$a\frac{y_m}{D} = m\lambda \tag{10-10}$$

에서 y_m은 어두운 무늬, 즉 상쇄간섭 위치의 스크린 좌표값이다.

실험에서는 어두운 무늬사이의 거리(Δy_m)를 측정하고 레이저 파장 $\lambda = 650\,nm$를 이용하여 10-10식의 변형식인 $a\frac{\Delta y_m}{D} = \lambda\Delta m$ ($\Delta m = 1$, 이때의 Δy_m은 이웃한 어두운 무늬 사이의 거리)을 사용하여 슬릿의 너비 a를 계산할 수 있다.

참고로 그림 10-4에서 직관적인 방법으로 상쇄간섭의 조건식 10-9를 얻을 수 있는데, 슬릿으로 진입하는 평면파를 그림처럼 네 영역으로 나누었다고 하자(그림 10-4, 10-6).

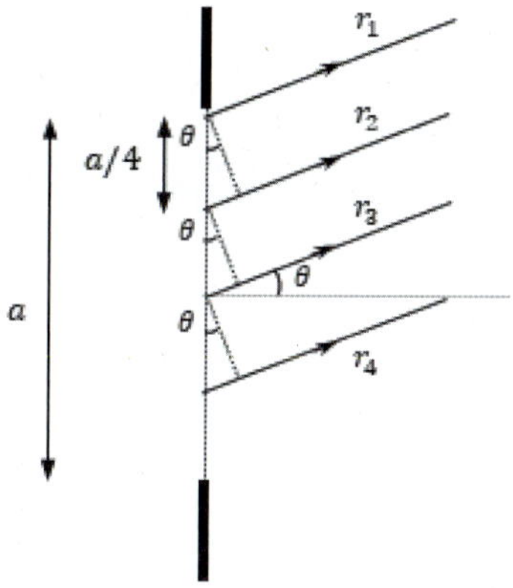

그림 10-6 | 단일 슬릿에서 회절하는 빛들의 경로차.

각 영역의 빛을 대표해서 나타내기 위해 각 영역의 가장 위쪽 끝에 있는 성분들을 그림에 나타내었다. 이 빛들이 스크린 상에 모여 상쇄간섭을 일으키기 위한 조건은 r_1과 r_2 서로 상쇄, r_2와 r_3 서로 상쇄, r_3와 r_4가 서로 상쇄가 되는 경우이므로 두 빛 성분들의 경로차는 $\lambda/2$, $3\lambda/2$, $5\lambda/2$... 이어야 한다. 따라서 다음과 같이 쓸 수 있다.

$$\frac{a}{4}\sin\theta = \frac{\lambda}{2},\ \frac{3}{2}\lambda,\ \frac{5}{2},\dots \quad\rightarrow\quad a\sin\theta = 2\lambda,\ 6\lambda,\ 10\lambda,\dots \tag{10-11}$$

이런 식으로 슬릿의 구간을 여러 개로 나눈 경우들을 모두 종합해보면 10-9식과 동일한 결과를 얻을 수 있다.

4. 이중 슬릿에서의 회절과 간섭

이제까지 이중 슬릿에서의 간섭과 단일 슬릿에서의 회절에 의한 간섭효과를 알아보았다. 이중 슬릿을 사용하는 경우에도 각 슬릿에서의 회절효과가 반영된 간섭이 나타나게 될 것이다. 앞선 두 경우의 간섭조건은 식 10-2, 10-3, 10-9에 나타나 있다. 식 10-2, 10-3과 식 10-9를 비교해보면 두 경우 모두 같은 너비의 슬릿을 사용했다고 가정하면 슬릿의 너비 a보다 두 슬릿 사이의 거리 d가 더 크므로 이중 슬릿에 의한 간섭무늬가 더 촘촘하게 나타난다는 것을 알 수 있다. 다중슬릿에 의한 회절간섭효과를 단일슬릿에서의 경우와 유사한 계산을 통해 진행해보면 스크린에 맺히는 빛의 세기 분포는 다음 식과 같다.

$$I = I_o\left(\frac{\sin\beta}{\beta}\right)^2\left(\frac{\sin N\alpha}{\alpha}\right)^2 \tag{10-12}$$

여기서 N은 슬릿의 개수이고 동일한 간격으로 배열되어 있다고 가정한 것이다. 이중 슬릿의 경우 $N=2$이므로 식 10-12는 다음과 같이 쓸 수 있다.

$$I = 4I_o\cos^2\alpha\left(\frac{\sin\beta}{\beta}\right)^2 = I_m\cos^2\alpha\left(\frac{\sin\beta}{\beta}\right)^2 \tag{10-13}$$

$$\alpha = \frac{\pi d}{\lambda}\sin\theta, \qquad \beta = \frac{\pi a}{\lambda}\sin\theta \tag{10-14}$$

식 10-13을 살펴보면 $\cos^2\alpha$ 항은 10-5식에서와 같은 이중슬릿의 간섭효과를 의미하고 $\left(\frac{\sin\beta}{\beta}\right)^2$항은 슬릿에서의 회절에 의한 간섭효과를 나타낸다고 볼 수 있다. 즉, 이중

슬릿에서의 빠른 주기의 간섭무늬가 각 슬릿의 회절에 의한 간섭으로 인해 식 10-6과 같은 긴 주기의 크기를 제한하는 envelope 함수에 의해 두 종류의 빛의 세기 곡선을 곱한 형태가 된 것이다. 실험에서는 이중 슬릿에 대해 그림 10-7의 결과를 관찰하게 되는데, 이중 슬릿의 간섭효과에 의한 자잘한 간섭무늬들과 이중 슬릿에서의 회절에 의한 간섭효과를 동시에 볼 수 있다. 따라서 이중슬릿에 의한 간섭무늬는 그림 10-2 보다는 그림 10-7이 현실에 부합하는 실험결과이다.

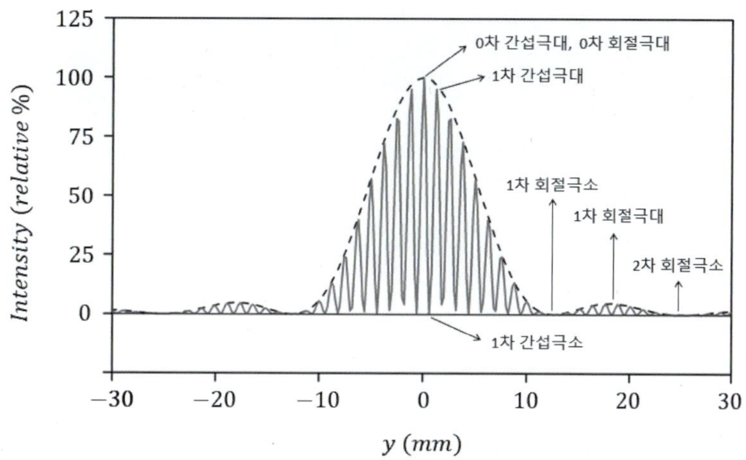

그림 10-7 | 이중 슬릿에서 측정되는 간섭과 회절 효과.

결과를 요약하면, θ가 크지 않을 경우 $\sin\theta \simeq \dfrac{y}{D}$로 근사가 가능하기 때문에 식 10-2와 식 10-9는 다음과 같이 정리된다.

$$y = m\frac{D\lambda}{d} \ (m = 0, 1, 2, 3 \ldots) \ : \text{이중슬릿 보강간섭 극대점} \quad (10\text{-}15)$$

$$y = n\frac{D\lambda}{a} \ (n = 1, 2, 3 \ldots) \ : \text{이중슬릿 회절효과 극소점} \quad (10\text{-}16)$$

d와 a는 각각 이중슬릿 사이의 간격과 슬릿의 너비이다.

그림 10-8은 (a) 단일 슬릿에서의 회절과정에서 나타나는 긴 주기의 회절효과와 (b) 이중 슬릿에서 나타나는 이중 슬릿 특유의 짧은 주기의 촘촘한 간섭무늬와 더불어 각각

의 슬릿 자체의 회절효과가 반영된 긴 주기의 간섭패턴이 나타나있는 사진이다. 이 두 가지가 우리가 실험에서 관찰하게 될 결과들이다.

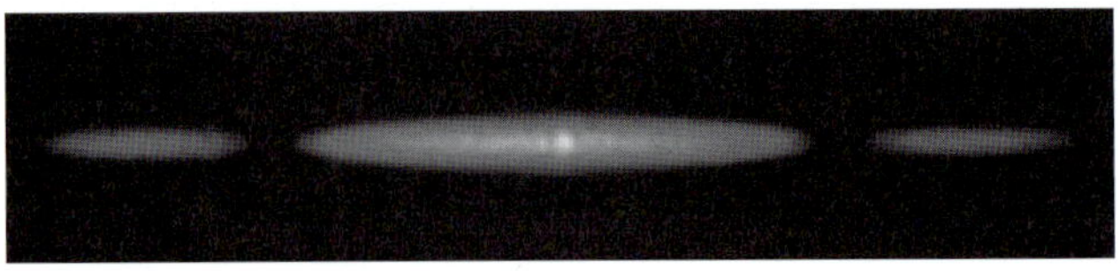

(a)

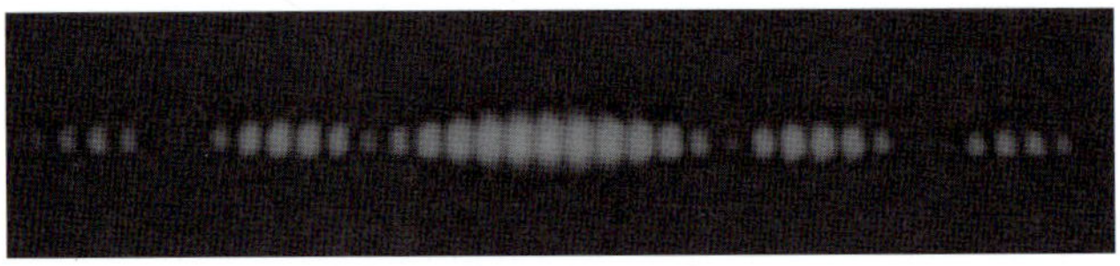

(b)

그림 10-8 | (a) 단일 슬릿에서의 회절 효과와 (b) 이중 슬릿에서의 간섭과 회절 효과.

3 실험 장비

1. 광학 트랙

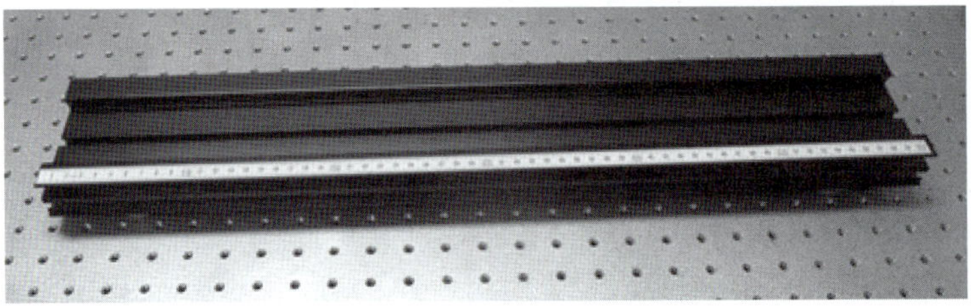

그림 10-9 | 광학 트랙.

2. 다이오드 레이저 ($\lambda = 650\,nm$)

그림 10-10 | 광원으로 쓰이는 다이오드 레이저.

3. 단일슬릿과 다중슬릿

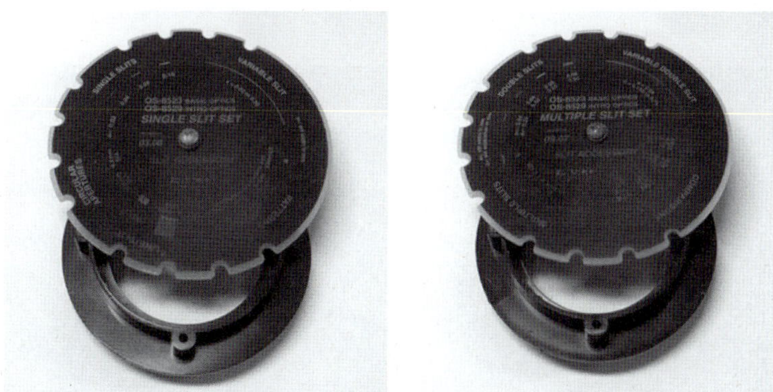

그림 10-11 | 단일슬릿과 다중슬릿.

4. 슬릿 지지대

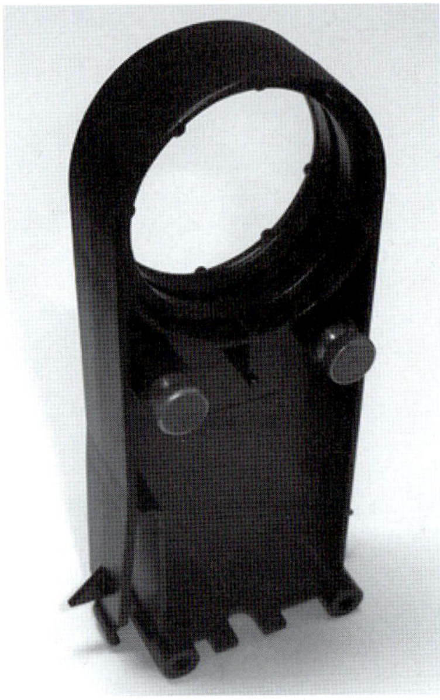

그림 10-12 | 슬릿 지지대 부품.

5. 광센서 어셈블리

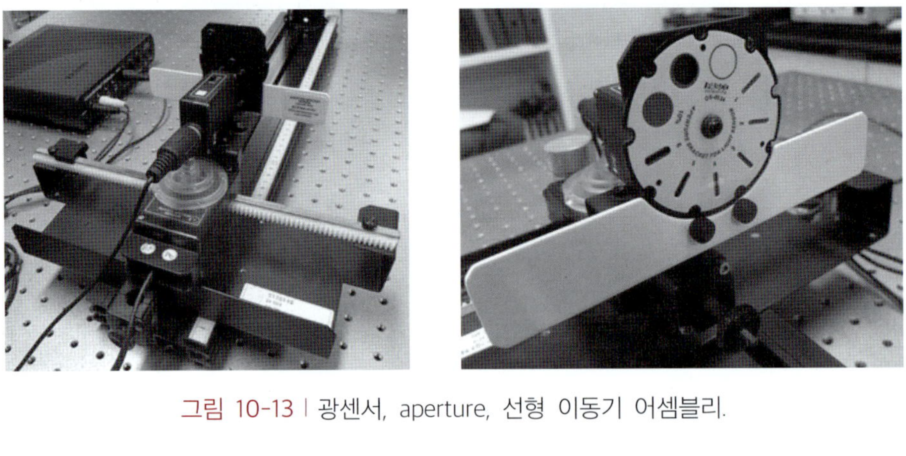

그림 10-13 | 광센서, aperture, 선형 이동기 어셈블리.

6. ScienceWorkshop 750 interface

그림 10-14 | 750 interface 장치.

7. 750 interface 전원공급기 (직류 $12\ V$, $1.5\ A$)

그림 10-15 | 750 interface용 전원.

8. 컴퓨터 연결용 USB 연결선

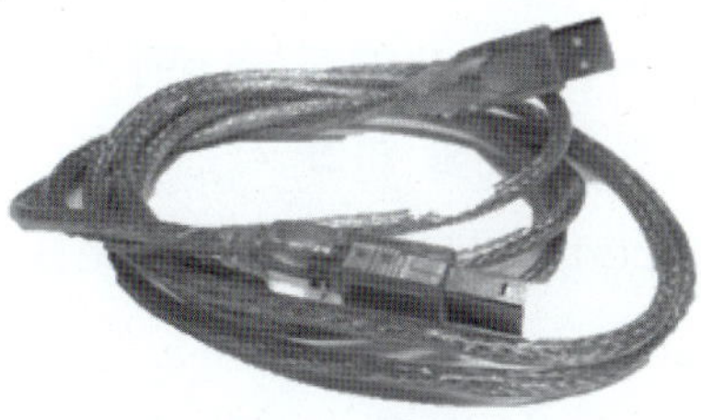

그림 10-16 | USB 연결선.

9. 실험용 컴퓨터

4 실험 과정

실험장치 셋업

그림 10-17 | 조립이 완료된 간섭, 회절 측정 장치.

1. 그림 10-17과 같이 광학 트랙 위에 광센서 어셈블리, 단일 슬릿, 다이오드 레이저를 각각 설치한다. 슬릿은 고리형 슬릿 지지대를 사용하여 트랙에 장착한다.
2. 광 검출기에 연결된 배선은 750 인터페이스의 채널 A에 연결한다. 광 검출기가 장착된 회전위치 센서의 TRS 커넥터는 750 인터페이스의 digital 채널 1, 2에 연결한다. 다이오드 레이저의 전원을 연결하고 전원을 ON 시킨다. 다이오드 레이저 뒷면의 두 개의 조절나사(삼각형 화살표)를 조정하여 레이저 빔이 정확하게 선택한 aperture의 중심부에 비추어지도록 한다.
3. 광센서 전면에 설치된 aperture에서 4번 aperture를 선택하여 광센서 앞에 위치시킨다.
4. 광센서 상단에는 센서의 sensitivity를 선택할 수 있는 ×1, ×10, ×100으로 표기된 gain 스위치가 달려있다. 측정 시 Capstone 측정 프로그램의 그래프에서 세로축인 'Light sensitivity' 수치를 충분히 크게 하거나 saturation이 일어날 경우에 gain 스위치를 적절히 선택하여 측정 데이터가 얻어지도록 한다.

그림 10-18 | 다이오드 레이저의 빔 위치 조절나사.

단일슬릿 회절효과 측정

1. 단일슬릿 plate에서 $0.04\,mm$ 폭의 슬릿을 선택하여 레이저빔이 지나가도록 한다. 광센서와 슬릿 사이의 거리 D를 설정하고 기록한다.
2. 레이저빔이 정렬된 상태에서 단일슬릿을 거친 후 센서의 aperture plate에 닿으면 그림 10-19와 같은 회절효과에 의한 간섭무늬가 나타나게 된다.

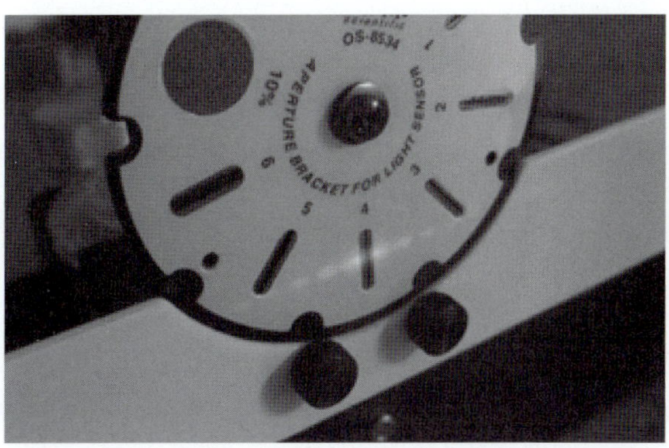

그림 10-19 | 단일 슬릿을 통과한 빛의 회절 간섭 무늬.

3. 컴퓨터 배경화면에서 'Interference and Diffraction.cap' 라는 Capstone 프로그램용 파일을 실행한다.
4. 육안으로 구분 가능한 회절무늬들의 한 쪽 끝 부분이 4번 aperture에 닿도록 선형이동기의 위치를 설정한다.
5. 측정 프로그램 화면 좌측 하단의 'Record' 버튼을 클릭하여 데이터 수집을 시작하고, 선형이동기를 천천히 이동시켜 회절무늬들의 다른 쪽 끝부분이 aperture에 도달하도록 한다. 'Light intensity'가 충분한 값이 나오도록 적절한 gain값을 선택하여 측정한다.
6. 한 번의 회절무늬 스캔이 완료된 후 화면 하단의 'Stop' 버튼을 클릭하여 데이터 수집을 종료한다. 프로그램 툴을 이용하여 극소점의 좌표값들을 확인한 후 기록한다. 이론편에서 살펴본 10-10식을 이용하여 단일슬릿의 폭 a를 구해보고 슬릿 plate에 표시되어 있는 값과 비교해본다.

이중슬릿에서의 간섭과 회절효과 측정

1. 설치되어 있던 단일슬릿 plate를 다중슬릿 plate로 교체한다.
   광센서와 슬릿 사이의 거리 D를 설정하고 기록한다.
2. 다중 슬릿 plate에서 슬릿 폭 $a = 0.04\,mm$, 슬릿 간격 $d = 0.25\,mm$인 이중슬릿을 선택한다. 광 센서 전면의 aperture는 이전과 동일한 4번 aperture를 사용한다.
3. 레이저빔이 정렬된 상태에서 이중슬릿을 거친 후 센서의 aperture plate에 닿으면 그림 10-20과 같은 간섭과 회절효과에 의한 간섭무늬 그룹이 형성된다.

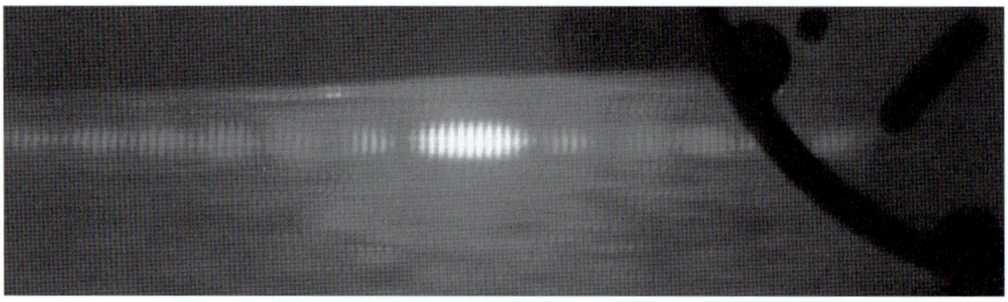

그림 10-20 | 이중슬릿을 통과한 빛의 간섭과 회절효과 무늬.

4. 육안으로 구분 가능한 간섭무늬 그룹들의 한 쪽 끝 부분이 4번 aperture에 닿도록 선형이동기의 위치를 설정한다 (그림 10-20 참조).
5. 측정 프로그램 화면 좌측 하단의 'Record' 버튼을 클릭하여 데이터 수집을 시작하고, 선형이동기를 천천히 이동시켜 간섭무늬 그룹들의 다른 쪽 끝부분이 aperture에 도달하도록 한다. 'Light intensity'가 충분한 값이 나오도록 적절한 gain값을 선택하여 측정한다.
6. 한 번의 스캔이 완료된 후 화면 하단의 'Stop' 버튼을 클릭하여 데이터 수집을 종료한다. 프로그램 툴을 이용하여 회절 극소점의 좌표값들과 간섭 극대점들의 좌표값들을 확인한 후 기록한다. 이론편에서 살펴본 10-15식, 10-16식을 이용하여 슬릿의 폭 a와 슬릿간격 d를 구해보고 슬릿 plate에 표시되어 있는 값과 비교해본다.

단일슬릿 회절효과 측정

$y_m = m\frac{D\lambda}{a}$ $(m=1,2,3\ldots)$: 단일슬릿 회절효과 극소점

(a는 슬릿 폭, D는 슬릿-스크린 거리.)

<table>
<tr><td>레이저 파장 λ</td><td colspan="4">$650\,nm$</td></tr>
<tr><td>슬릿폭 a
(표시값)</td><td colspan="4">$0.04\,mm$</td></tr>
<tr><td>슬릿-스크린 거리
$D\ (mm)$</td><td colspan="4">mm</td></tr>
<tr><td rowspan="5">회절무늬
극소 위치
$y_m\ (mm)$</td><td>측정</td><td>y_1</td><td>y_2</td><td>$y_2 - y_1$</td></tr>
<tr><td>1</td><td></td><td></td><td></td></tr>
<tr><td>2</td><td></td><td></td><td></td></tr>
<tr><td>3</td><td></td><td></td><td></td></tr>
<tr><td>평균</td><td></td><td></td><td></td></tr>
<tr><td>슬릿 폭 a
(측정값)</td><td colspan="4"></td></tr>
</table>

이중슬릿에서의 간섭과 회절효과 측정

$y_m = m\frac{D\lambda}{d}$ $(m=0,1,2\ldots)$: 이중슬릿 보강간섭 극대점

$y_n = n\frac{D\lambda}{a}$ $(n=1,2,3\ldots)$: 이중슬릿 회절효과 극소점

(a는 슬릿 폭, d는 이중슬릿 간격, D는 슬릿-스크린 거리.)

레이저 파장 λ	$650nm$
슬릿 폭 a (표시값)	$0.04mm$
슬릿 간격 d (표시값)	$0.25mm$
슬릿-스크린 거리 D	mm

회절무늬 극소 위치 y_m		$y_1(mm)$	$y_2(mm)$	$y_2-y_1(mm)$
	1			
	2			
	3			
	평균			
슬릿 폭 a (측정값)				mm

간섭무늬 극대 위치 y_n		$y_1(mm)$	$y_2(mm)$	$y_3(mm)$	$y_2-y_1(mm)$	$y_3-y_2(mm)$
	1					
	2					
	3					
	평균					
슬릿 간격 d (측정값)					mm	mm

11. 편광(Polarization)과 Brewster 법칙

1 실험 목적

빛에 대한 기본적인 성질들을 바탕으로 전자기파로서의 빛이 편광기(polarizer)라는 광학부품에 의해 편광이 될 때 편광기를 통과한 빛의 세기의 변화를 관찰해본다. 또한 빛은 반사가 일어날 때 특수한 조건하에 편광이 발생하기도 하는데 이것과 관련된 Brewster 법칙을 실험을 통해 알아본다.

2 이론

1. 개요

19세기는 전자기학을 이해하는데 있어서 전기와 자기에 관한 여러 가지 실험적 지식들과 이론적인 연구들이 활발하게 이루어지던 시대였다. 이런 바탕위에서 영국의 물리학자인 James C. Maxwell(1831 - 1879)은 전기장과 자기장에 대한 성질을 집대성하여 1873년, 20개의 방정식들로 이루어진 'Maxwell 방정식들'을 발표하였다. 이후 Oliver Heaviside는 벡터연산자들을 이용하여 이 식들을 네 개의 단순화된 미분방정식으로 정리하였는데, 이것이 오늘날 우리가 알고 있는 네 개의 Maxwell 방정식이다. Maxwell 방정식은 궁극적으로 전기장과 자기장에 대한 파동방정식을 제공한다. Maxwell은 전자기장에 관한 파동방정식을 풀어나가는 과정에서 이론적으로 유도한 전자기파의 속력이 실험적으로 측정된 빛의 속력과 일치한다는 사실을 발견하였다. 이로써 Maxwell은 빛이 전자기파의 일종이라는 결론을 내리게 되었다.

2. 전자기파

전자기파의 가장 큰 특징 중 하나는 다른 파동들과는 달리 파동의 전달에 있어서 매질이 필요하지 않다는 것이다. Maxwell의 전자기파 파동방정식을 풀어본 결과를 도식화하여 나타내본 전자기파의 모습은 그림 11-1과 같다.

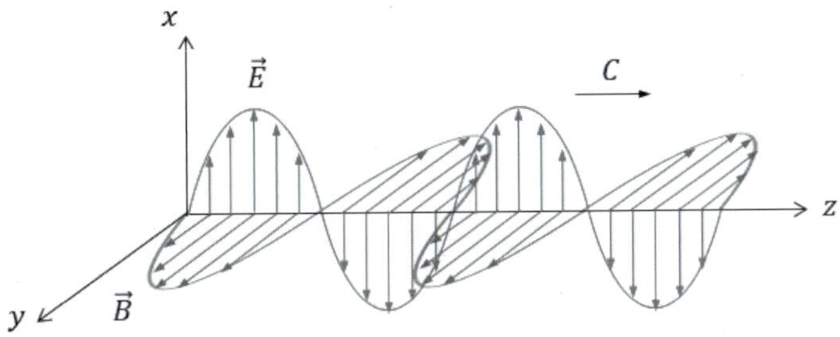

그림 11-1 | 변화하는 전기장과 자기장으로 이루어진 전자기파.

Maxwell 방정식이 의미하는 바는 전자기파가 진행하면서 시간에 대해 변화하는 전기장은 시간의존성을 가진 자기장을 만들어내고 이것은 다시 전기장을 만들어내는 식으로 진행을 이어나가게 된다는 것이다. 그림 11-1은 진공 중에서 빛의 속도로 진행하는 전자기파의 어떤 특정한 시간(시간을 멈추었다고 가정하는 것과 같다)에서의 모습이다. 전기장과 자기장은 서로 수직을 이루고 이들의 진동방향 역시 진행방향과 수직이다. 전기장과 자기장은 각각 일정한 방향을 가지고 있고 그 크기들이 시간에 따라 변화하고 있다. 전자기파는 이렇게 서로 다른 두 종류의 물리량들로 이루어져 있지만 전자기파를 표현할 때는 전기장 성분을 기준으로 하여 표현하는 것이 일반적이고 전자기파와 관련된 현상들을 설명할 때도 편리하다. 편광의 경우도 전기장의 진동방향을 편광의 방향으로 삼고 있다.

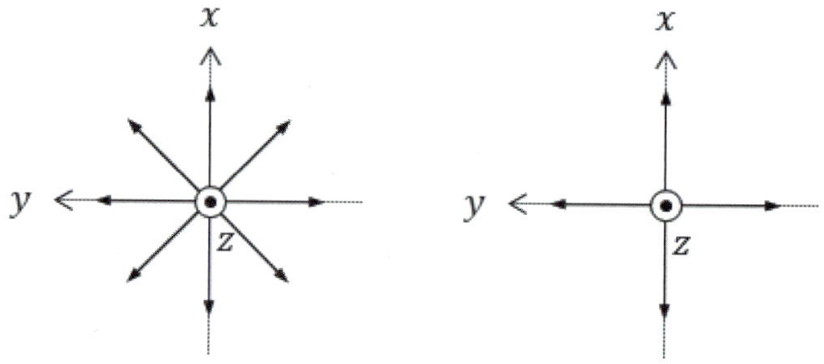

(a) (b)

그림 11-2 | 비편광된 빛의 전기장.

3. 편광

그림 11-1은 x축 방향으로 편광된 빛이 z축을 따라 진행하는 것을 묘사한 것이다. 편광된 빛은 전기장 성분이 어느 특정한 한 방향으로만 진동하고 있다. 일반적인 광원에서 나온 빛은 여러 방향으로 무작위로 진동하는 전기장 성분들을 가지고 있다. 즉, 비편광된 빛이다. 따라서 이러한 빛은 그림 11-2(a)와 같이 진행축인 z축 방향에서 보았을 때의 전기장 성분들로 표현할 수 있다. 물론 여러 방향으로의 전기장 성분들이 다양하게 존재하나 상징적으로 몇 개의 성분만 표현한 그림이다. 그림 11-2(b)는 비편광된 빛의 전기장 성분들의 벡터 합으로 완전비편광된 빛의 경우 x, y방향의 성분의 크기가 동일하다.

비편광된 빛을 편광시키기 위해서는 편광기라는 광학부품을 사용한다. 편평한 판 모양의 부품이기 때문에 편광판, 또는 편광자라고도 불린다. 편광기는 고분자물질, 전기석과 같은 광결정 물질, grid 형태의 금속선(metal wire) 등을 이용해 만들어진다. 특정한 사례로써, 그림 11-3은 편광기를 통과하는 빛이 편광이 되는 과정을 나타낸 그림이다. (2)로 표시된 가로방향의 촘촘한 간격을 지닌 금속 grid를 이용한 편광기로서, 왼쪽의 광원으로부터 비편광된 빛이 오른쪽 방향으로 진행하면서 편광기를 만나게 되면 가로방향의 모든 전기장 성분은 편광기의 금속선에 의해 흡수되고 세로방향의 전기장 성분만 통과하게 되어 (1)방향으로 편광된 빛이 나오게 된다. (1)방향을 편광축이라고 한다. 가로 방향의 전기장 성분이 금속 grid에 의해 흡수되어 사라지는 이유는 가로방향 성분의 전기장이 금속 grid에 존재하는 수많은 전자들과 상호작용을 하여 전자들을 진동운동 시키게 되면서 가로방향 전기장 성분이 가지고 있던 에너지를 잃어버리기 때문이다. 반면 세로방향의 전기장 성분은 세로방향으로 진동할 수 있는 전자들의 움직임이 미미하므로 금속 grid를 그대로 통과한다고 볼 수 있다.

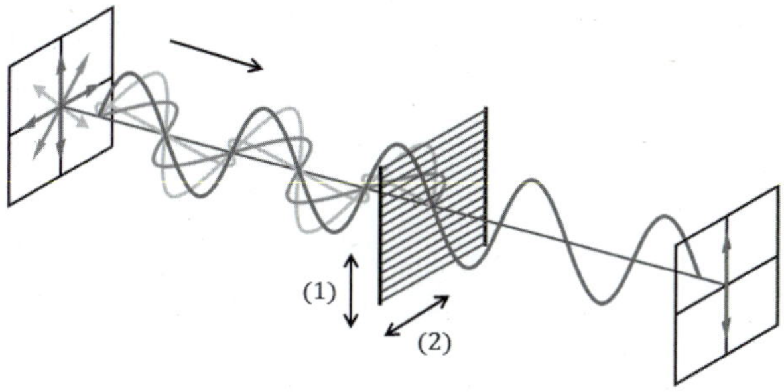

그림 11-3 | 금속 grid 편광기를 통과하는 빛의 편광 과정. (그림 출처 : Wikipedia)

하나의 일정한 방향으로 진동하는 전기장 성분을 가진 빛은 선형편광 되었다고 한다. 금속 grid 편광기의 경우 금속선들의 간격에 의해 편광기로써 사용할 수 있는 파장영역이 결정된다.

4. Malus 법칙

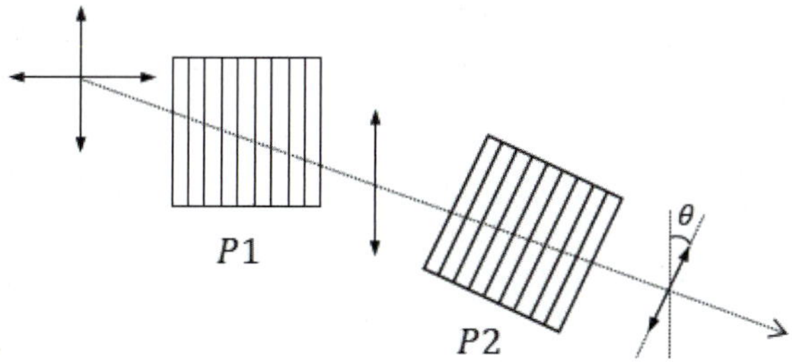

그림 11-4 | 두 개의 편광기를 통과하는 빛의 세기.

그림 11-4에서 왼쪽의 광원으로부터 비편광된 빛이 오른쪽으로 진행할 때, 첫 번째 편광기 $P1$을 만나게 되면 투과한 빛은 세로방향으로 편광이 된다. (편광기의 줄무늬 방향이 편광축 방향이다.) 이 후 두 번째 편광기 $P2$를 지나면서 세로방향의 전기장의

크기 E는 $E\cos\theta$의 크기로 줄어들고 편광방향도 $P2$의 편광축 방향을 향하게 된다. 빛의 세기는 전기장의 크기의 제곱에 비례하므로 $P1$을 통과한 빛의 세기가 I_o이면 $P2$를 통과한 빛의 세기는 다음과 같다.

$$I(\theta) = I_o \cos^2\theta \tag{11-1}$$

이것을 Malus 법칙이라고 한다.

5. 반사와 굴절

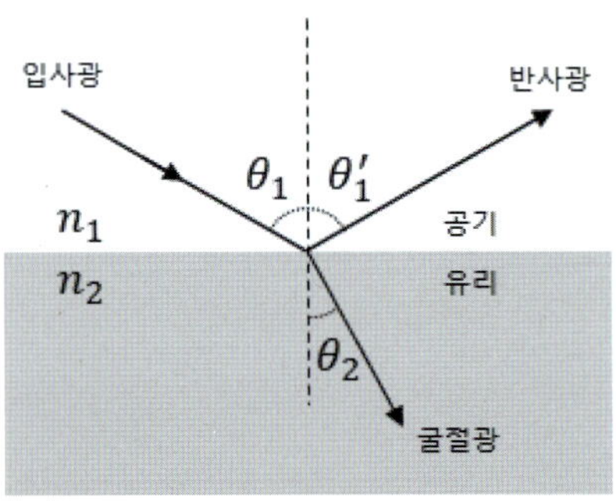

그림 11-5 | 직진하는 빛의 반사와 굴절

그림 11-5와 같이 공기 중을 직진해 가던 빛은 유리면에 도착하여 빛의 일부는 반사가 되고 일부는 굴절되어 유리 속으로 진행한다. 입사각을 θ_1, 반사각을 θ_1', 굴절각을 θ_2, 공기와 유리의 굴절률을 각각 n_1, n_2라고 했을 때, 입사각과 반사각은 같다. 이것을 반사의 법칙이라고 한다.

$$\theta_1 = \theta_1' \tag{11-2}$$

한편, 굴절된 빛에 대해서는 굴절률과 각도들 사이에서의 관계는

$$n_1 \sin\theta_1 = n_2 \sin\theta_2 \tag{11-3}$$

와 같다. 이것을 굴절의 법칙 또는 Snell의 법칙이라고 한다.

물질의 굴절률은 식 11-3과 같이 입사광이 얼마만큼 굴절되어 물질 속을 진행하는가를 나타내기도 하지만, 물질 속에서의 빛의 속력을 결정하기도 한다. 공기 중에서의 빛의 속력이 c이면 굴절률 n인 물질 속을 빛이 진행할 때 빛의 속도는 c/n가 된다. 참고로 진공의 굴절률은 1, 물의 굴절률은 1.33, 다이아몬드의 굴절률은 2.42 등이다.

6. 반사에 의한 편광 (Brewster 법칙)

편광된 빛은 편광기를 이용해서 만들 수도 있지만 특정한 반사조건을 만족시키면 반사광을 편광 시킬 수 있다.

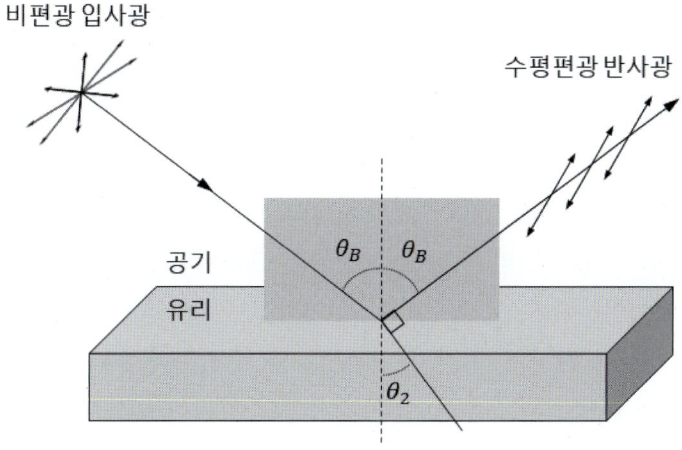

그림 11-6 | 반사에 의한 편광.

그림 11-6과 같이 비편광된 입사광이 특정한 입사각도인 θ_B로 진행하면 반사된 빛의 전기장 성분이 공기-유리의 경계면에 (수평방향으로) 평행한 성분만 존재하게 된다. 즉, 경계면의 수직방향 편광성분은 반사과정에서 소멸되고 수평방향 편광성분만 반사가 이루어진다. 이 때 관찰되는 또 하나의 특징은 반사광과 굴절광이 수직을 이룬다는 점이다.

$$\theta_B + \theta_2 = 90^\circ \tag{11-4}$$

굴절의 법칙을 인용하면

$$n_1 \sin\theta_B = n_2 \sin\theta_2 \tag{11-5}$$

이고 $\theta_2 = 90^\circ - \theta_B$ 이므로 11-5식은 다음과 같이 쓸 수 있다.

$$n_1 \sin\theta_B = n_2 \sin(90^\circ - \theta_B) = n_2 \cos\theta_B \tag{11-6}$$

이 식을 정리하여 각도 θ_B를 구하면 다음과 같다.

$$\theta_B = \tan^{-1}\frac{n_2}{n_1} \tag{11-7}$$

이 식을 Brewster 법칙이라 부르며 각도 θ_B는 Brewster 각도라고 한다.

그림 11-6에서 반사과정을 통해서 빛이 편광되는 물리적인 이유는 다음과 같다. Brewster 각도로 진행하는 입사광의 전기장 성분들이 유리면에 닿으면서 굴절되어 유리 속을 진행할 때 유리 물질의 속박된 전자들을 진동시키게 되고 전자들의 진동은 다시 전자기파를 발생시킨다. 이것을 radiation이라고 한다. 전자의 진동에 의해 발생한 전자기파, 즉 빛은 진행방향이 전자의 진동방향과 수직이다. 따라서 입사파의 전기장 성분들 중에 유리면에 평행한 성분에 의한 전자들의 진동이 만들어낸 빛들이 모여 반사파를 형성하게 되고 다른 방향의 다양한 성분들은 산란되어 사라지게 된다.

7. Brewster 각 측정원리

그림 11-6과 같이 입사각이 Brewster 각도로 빛이 입사하는 상황에서 실험적으로 이 상태를 확인해볼 수 있는 방법을 생각해보자.

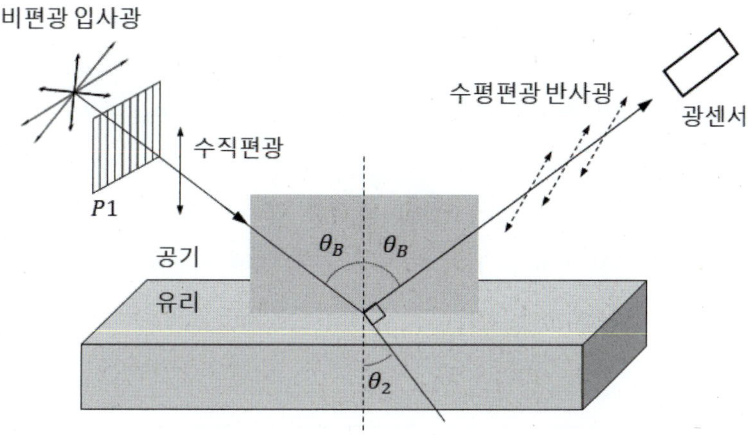

그림 11-7 | Brewster 각 측정 개요.

그림 11-7에서 비편광된 광원으로부터 나온 빛은 수직방향 편광축을 가진 편광기 $P1$을 지나면서 수직방향으로 편광되어 유리 표면에서 반사가 될 것이다. Brewster 각도로 입사한 빛의 경우 수직방향 편광성분은 반사과정에서 소멸되고 수평방향 성분은 원래부터 없었기 때문에 반사광의 수평방향 성분도 존재하지 않는다. 이 상태에서 광센서에 측정되는 빛의 세기는 0이 된다. 입사각이 Brewster 각도가 아닌 각도로 입사될 때는 수직방향의 편광성분을 가진 반사광이 존재한다. 그림 11-7에서와 같이 편광기 $P1$을 지나 수직방향으로 편광된 빛이 입사할 경우 전자기학에 의한 계산을 해보면 반사광의 세기 I_R은 다음과 같이 얻어진다.

$$I_R \propto \left(\frac{\mu_1 n_2 \cos\theta_1 - \mu_2 n_1 \cos\theta_2}{\mu_1 n_2 \cos\theta_1 + \mu_2 n_1 \cos\theta_2}\right)^2 \simeq \left(\frac{n_2 \cos\theta_1 - n_1 \cos\theta_2}{n_2 \cos\theta_1 + n_1 \cos\theta_2}\right)^2 \qquad (11\text{-}8)$$

여기서 μ_1, μ_2는 물질 1과 물질 2의 투자율(permeability)이라고 하며 자기적인 성질에 관한 물질 상수인데 공기와 유리 같은 물질들의 경우 $\mu_1 \simeq \mu_o$, $\mu_2 \simeq \mu_o$ 이므로 11-8식의 최종 결과를 얻을 수 있다. μ_o는 진공의 투자율이다. 앞서 Brewster 각을 구할 때는 반사광과 굴절광이 직각을 이룬다는 현상론적인 결과(식 11-4)에 굴절의 법칙(식 11-5)을 적용하여 11-7식의 Brewster 각을 구했는데, 세로편광인 입사광에 대한 반사광의 세기를 나타내는 11-8식에서 반사광이 0이 되는 조건을 구해보면 $n_2 \cos\theta_1 = n_1 \cos\theta_2$이고 여기에 11-4식을 적용해보면 다음의 11-9식을 얻는다.

$$n_2 \cos\theta_1 = n_1 \cos\theta_2 = n_1 \cos(90° - \theta_1) = n_1 \sin\theta_1 \quad (11\text{-}9)$$

이 식을 정리해보면 11-7식의 Brewster 법칙과 같다는 것을 알 수 있다.

11-8식을 실험에서 이용한 $n_1 = 1.0$, $n_2 = 1.46$에 대해 $\theta_1 - I_R$ 그래프를 그려보면 그림 11-8과 같다.

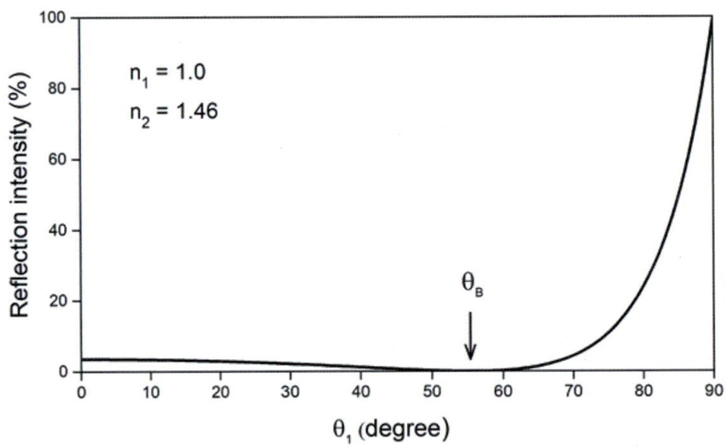

그림 11-8 | 그림 11-7의 상황에서 반사광의 세기 I_R 그래프.

두 번째 방법으로서 그림 11-9처럼 비편광된 빛이 Brewster 각으로 입사하여 반사되면 수직편광 반사광 성분은 존재하지 않고 수평편광 반사광 성분만 존재한다. 이 때 수직방향의 편광축을 가진 편광기 $P2$를 사용하면 광센서가 측정하는 빛의 세기는 0이다. Brewster 각 이외의 입사각에 대해서는 수직편광 반사광이 존재하기 때문에 측정되는 빛의 세기가 존재한다. 따라서 그림 11-9의 상황에서도 측정되는 빛의 세기가 0인 입사각을 찾으면 그것이 Brewster 각이 된다. 반사광의 편광상태를 분석하는 기능으로 사용되는 편광기 $P2$를 분석편광기(analyzing polarizer)라고 한다.

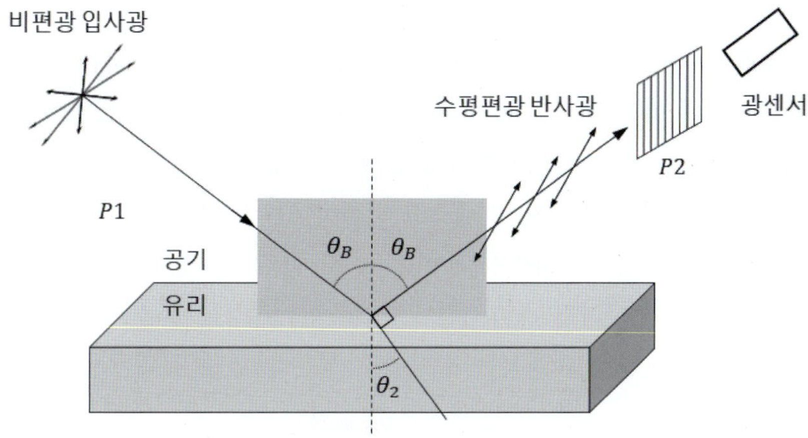

그림 11-9 | 분석편광기를 이용한 Brewster 각 측정.

8. 실제 실험상황의 이해

앞서 이루어진 논의의 중심이 되는 실험 상황은 그림 11-7 또는 그림 11-9를 이용하여 설명이 이루어졌다. 그러나 실제 실험에 사용되는 장치의 구조를 보면 그림 11-10과 같다. 즉, 그림 11-7이 옆으로 누워있는 배치에 해당한다. 이로부터 발생하는 표현상의 혼란이 수직과 수평 방향의 정의이다. 이제까지는 매질이 다른 두 물질의 경계면을 기준으로 수직, 수평방향을 표현하여 왔지만, 지금부터 설명하는 실험 셋업과 실험과정에서 언급되는 수직방향과 수평방향은 지면(즉, 실험테이블 면)을 기준으로 한다.

그림 11-10 | Brewster 각도 측정 실험장치.

그림 11-10의 실험장비에서는 레이저 광원으로 적색인 파장 $650nm$ 짜리 다이오드 레이저를 사용한다. 반도체 다이오드 레이저는 레이저 발진이 일어나는 cavity 구조를 어떻게 설계하는가에 따라 출력되는 빛의 편관상태가 결정된다. 본 실험에서 사용하는 다이오드 레이저는 수직방향으로 편광되어 있다. 즉, 공기와 D형 반원렌즈의 경계면에 대해서는 수평편광인 빛이 입사하게 되므로 광센서에는 입사각과 상관없이 항상 존재하는 반사광을 측정하게 된다. 따라서 Brewster 각 측정원리 편에서 살펴본, 경계면에 대해 수직편광 반사광이 사라진다는 조건으로 Brewster 각을 찾을 수 없다. 매질 경계면에 대해 수직성분, 지면에 대해서는 수평편광 성분을 만들기 위해서는 다음과 같은 과정을 거치게 된다.

그림 11-10의 실험장치 배치를 위에서 내려다보면 그림 11-11과 같다. 수직편광된 레이저 광으로부터 수평편광성분을 만들기 위해서 원형의 편광기 $P1$, $P2$를 사용하고 광센서가 수평편광성분만을 받아들이도록 사각형의 분석편광기 $P3$를 사용한다.

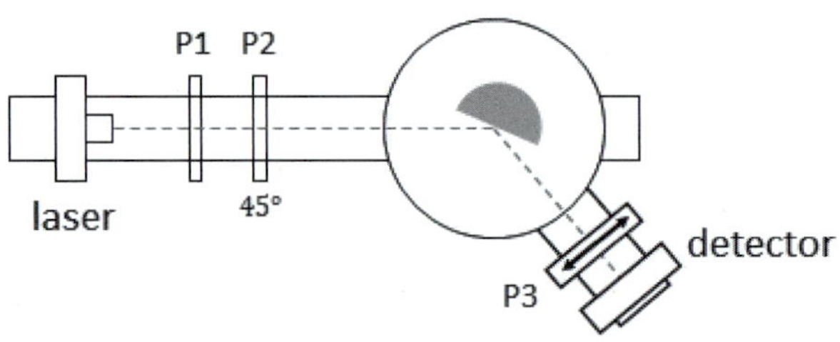

그림 11-11 | Brewster 각도 측정 실험 셋업 1.

다이오드 레이저 광원으로부터 방출되는 빛이 이미 수직편광이 되어있는 상태이지만 편광기 $P2$의 편광축을 $45°$로 맞추면 $P1$, $P2$를 통과한 빛은 정확하게 수직편광성분과 수평편광성분의 크기가 같아지게 된다. 이 빛이 반원렌즈의 면에서 반사된 후 그림과 같이 수평 편광축으로 놓여있는 분석편광기 $P3$를 통과하면 광센서는 반원렌즈 경계면에 수직 편광된 성분의 빛의 세기만을 측정하게 된다. 따라서 광센서의 빛의 세기 측정값이 0이 될 때의 입사각이 Brewster 각이다. 참고로 $P1$의 기능은 $P2$를 통과하는 빛의 세기를 조절하는 것으로, 광센서의 sensitivity를 선택하여 측정값을 조절할 수도 있으므로 $P1$이 반드시 필요한 것은 아니고 $45°$ 편광축으로 설정된 $P2$와 수평 편광축으로 놓여있는 $P3$ 두 개만 있어도 무방하다.

또 다른 실험셋업으로는 그림 11-12와 같이 분석편광기 $P3$를 반원렌즈 앞으로 배치하여 입사광 자체를 수평편광성분만을 가지게 하여 매질 경계면에 입사시키는 방법이다.

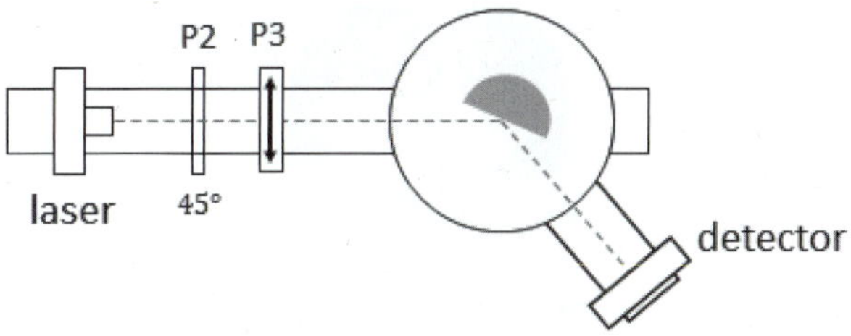

그림 11-12 | Brewster 각도 측정 실험 셋업 2.

3 실험 장비

1. 광학 트랙

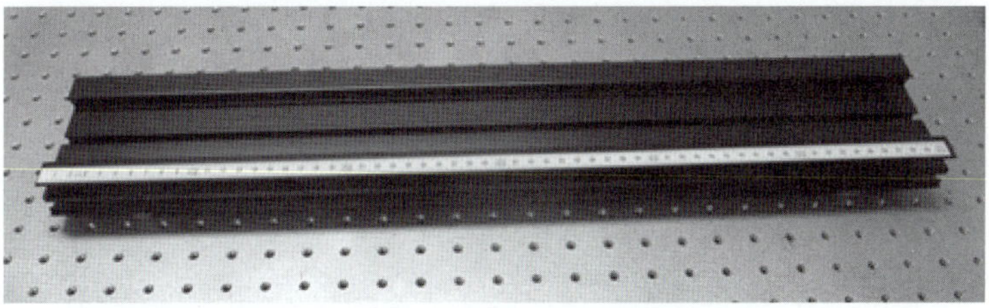

그림 11-13 | 광학 트랙.

2. 다이오드 레이저 ($\lambda = 650\,nm$)

그림 11-14 | 광원으로 쓰이는 다이오드 레이저.

3. 광센서 어셈블리

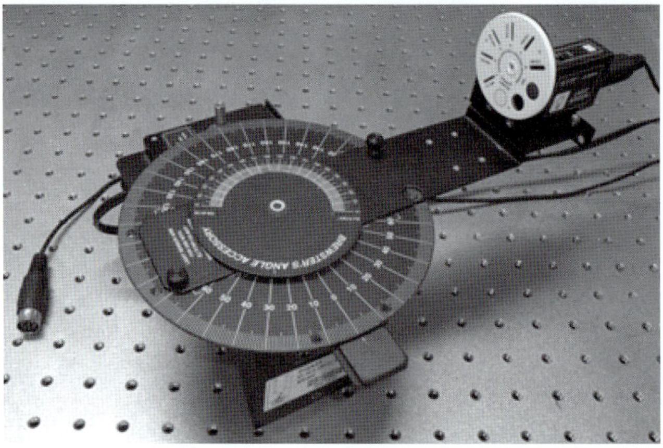

그림 11-15 | 광센서, aperture, 회전테이블 어셈블리.

4. 편광기 부품들

그림 11-16 | 사각형 편광기, 원형 편광기, 편광기 지지대.

5. 반원 렌즈

그림 11-17 | D 자 형태의 반원 렌즈.

6. ScienceWorkshop 750 interface

그림 11-18 | 750 interface 장치.

7. 750 interface 전원공급기 (직류 $12\,V$, $1.5\,A$)

그림 11-19 | 750 interface용 전원.

8. 컴퓨터 연결용 USB 연결선

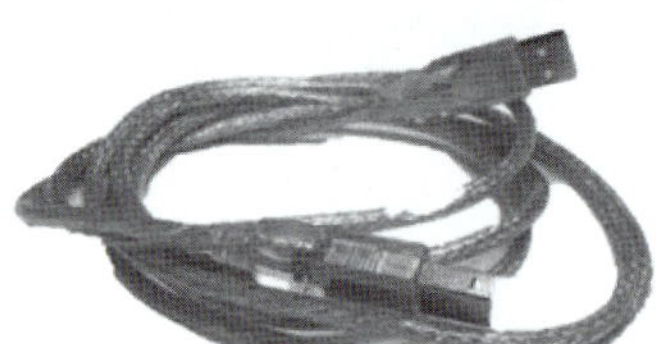

그림 11-20 | USB 연결선.

9. 실험용 컴퓨터

4 실험 과정

Malus 법칙 실험

1. 그림 11-21과 같이 광학 트랙에 광센서 어셈블리, 다이오드 레이저를 설치한다. 광센서 연결배선은 750 인터페이스 아날로그 입력채널 A에 연결한다.
2. 광센서 앞의 aperture disk에서 open aperture를 선택한다. 다이오드 레이저의 전원을 연결하고 전원을 ON 시킨다. 다이오드 레이저 뒷면의 두 개의 조절나사를 조정하여 레이저 빔이 정확하게 선택한 aperture의 중심부에 비추어지도록 align 한다.

그림 11-21 | Malus 법칙 측정 셋업.

3. 레이저 광원과 광센서 사이에 두 개의 원형편광기를 설치한다. 광원에 가까운 순서로써 편광기 $P1$, 편광기 $P2$라고 한다. 가급적 광원, 편광기, 광센서들은 그림보다는 좀 더 거리를 가까이 배치하여 측정이 이루어지도록 한다.
4. 컴퓨터 배경화면에서 'Polarization and Brewsters.cap'라는 Capstone 프로그램용 파일을 실행한다. 프로그램 화면 내에 'Polarization'과 'Brewster'라는 두 개의 window가 있는데, 'Polarization'을 선택하면 측정해야 할 각도가 나타나있는 표, 광 intensity 측정부, 표에 기록된 각도-광 intensity를 나타내는 그래프를 볼 수 있다.
5. 프로그램 창의 하단 왼쪽에 있는 'Monitor' 버튼을 빛의 세기를 측정하기 시작한

다. 광센서 상단에는 센서의 sensitivity를 선택할 수 있는 ×1, ×10, ×100으로 표기된 gain 스위치가 달려있다. 측정 시 Capstone 측정 프로그램의 그래프에서 세로축인 'Light sensitivity' 수치를 충분히 크게 하거나 saturation이 일어날 경우에 gain 스위치를 적절히 선택하여 측정 데이터가 얻어지도록 한다.

6. 먼저 편광기 $P1$만 설치한 상태에서 편광기를 돌려가며 관찰되는 빛의 세기가 가장 크게 될 때 멈춘다. 이후 $P2$를 추가하고 마찬가지로 $P2$를 회전시켜가면서 관찰되는 빛의 세기가 최대가 될 때 멈춘다. 이로써 두 개 편광기의 편광축 사이의 각도가 $0°$인 상태로 정렬되었다.
7. 편광기 $P1$은 고정한 상태에서 편광기 $P2$의 각도를 $10°$씩 변화시켜가며 각도에 따른 광 intensity를 표에 기록한다.
8. 측정이 끝나면 'Stop' 버튼을 눌러 측정을 종료한다.

Brewster 법칙 실험

그림 11-22 | Brewster 법칙 실험에 앞선 빔 align 과정.

1. 그림 11-22와 같이 광학 트랙에 레이저 광원과 광센서 어셈블리를 설치한다. 광센서 앞의 aperture disk에서 4번 aperture를 선택한다. 다이오드 레이저의 전원을 연결하고 전원을 ON 시킨다. 다이오드 레이저 뒷면의 두 개의 조절나사를 조정하여 레이저 빔이 정확하게 선택한 aperture의 중심부에 비추도록 align 한다.
   레이저 빔이 정확하게 align이 되면 그림 11-23(a)와 같이 하부각도기의 $0°$ 위치가 각도기준점(그림 아래에서 삼각형 표시)과 일치하게 된다. 상부각도기 역시 그림 11-23(a)에 보이는 바와 같이 정렬시킨다. (※ 상부각도기는 독립적으로 자유롭게 회전하도록 되어있다.)

(a) (b)

그림 11-23 | Brewster 법칙 실험에 앞선 빔 align 과정.

2. 광센서 연결배선은 750 인터페이스 아날로그 입력채널 A에 연결한다.
3. 'Polarization and Brewsters.cap'라는 Capstone 프로그램 화면 내에 'Brewster'라는 window를 선택하면 측정해야 할 각도가 나타나있는 표, 광 intensity 측정부, 표에 기록된 각도-광 intensity를 나타내는 그래프를 볼 수 있다.
4. 프로그램 창의 하단 왼쪽에 있는 'Monitor' 버튼을 눌러 측정을 시작하고 intensity를 관측한다.
5. 그림 11-23(b)와 같이 광센서 앞에 사각형 분석편광기 $P3$를 수직편광축으로 설치하고 원형편광기 $P2$를 회전시키다가 광센서의 출력이 최대가 되는 곳에서 멈춘다. 이 때 $P2$도 수직편광축으로 설정된 것이다. 이 상태에서 $P2$를 45° 회전시킨다. 이로써 $P2$를 통과한 빛은 정확하게 수직편광성분과 수평편광성분의 크기가 같아지게 된다.
6. 원형편광기 $P1$을 $P2$앞에 설치한다. $P1$의 역할은 $P2$를 지나가는 빛의 세기를 조절하는 것으로, 광센서의 sensitivity를 선택하여 측정값을 조절할 수도 있기 때문에 $P1$이 반드시 필요한 것은 아니다.
7. 분석편광기 $P3$를 광센서 앞에 수평편광축이 되도록 방향을 돌려놓는다.
8. 반원렌즈의 평면이 빛과 평행하도록 그림 11-24와 같이 설치한다.

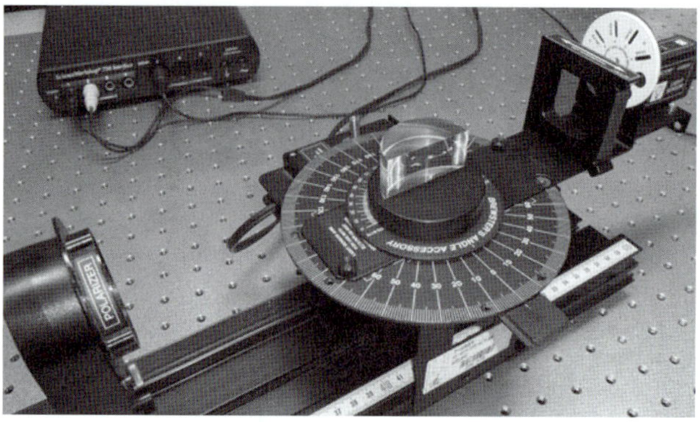

그림 11-24 | 반원렌즈의 설치.

9. 프로그램 창의 표에서 설정한 입사각도에 대해 광센서의 측정 intensity값을 프로그램 표에 기록해 나간다. 광센서 상단에는 센서의 sensitivity를 선택할 수 있는 ×1, ×10, ×100으로 표기된 gain 스위치가 달려있다. 측정 시 gain을 충분히 크게 하면 최소 intensity가 측정되는 Brewster 각도를 수월하게 찾아낼 수 있다. 측정이 끝나면 'Stop' 버튼을 눌러 측정을 종료한다.
10. 측정표에 따른 그래프가 완성되면 그래프 상단의 polynomial fitting 기능을 이용하여 극소값에 해당하는 각도를 구한다.

그림 11-25 | Brewster 각 측정모습.

참고

입사각 θ_i를 설정할 때 다음과 같은 방법을 사용하면 편리하다.

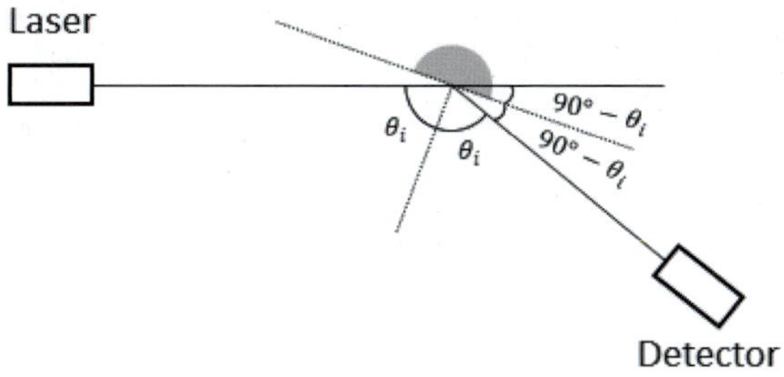

그림 11-26 | 입사각 설정 방법.

입사각 θ_i 대해 광센서가 탑재된 하부각도기의 위치를 레이저 광축으로부터 $180° - 2\theta_i$ 만큼 회전시킨다. 독립적으로 회전하는 반원렌즈가 탑재된 상부각도기는 레이저 광축으로부터 $90° - \theta_i$ 만큼 회전시킨다. 레이저빔이 광센서를 정확히 비추도록 각도를 미세조정 한다.

실험 11 | 편광 및 브루스터 법칙 실험 데이터

Malus 법칙 실험

θ (°)	Light intensity (%)
0	
10	
20	
30	
40	
50	
60	
70	
80	
90	
100	
110	
120	
130	
140	
150	
160	
170	

θ (°)	Light intensity (%)
180	
190	
200	
210	
220	
230	
240	
250	
260	
270	
280	
290	
300	
310	
320	
330	
340	
350	

Brewster 법칙 실험

입사각(°)	Light intensity (%)
30°	
40°	
50°	
60°	
70°	
80°	
θ_B (°) (측정값)	

$$\theta_B = \tan^{-1}\frac{n_2}{n_1}$$

렌즈의 굴절률 $n_1 = 1.46$

공기의 굴절률 $n_2 = 1.0$

※ θ_B로 추정되는 각도 주위를 정밀하게 관찰하여 최저 intensity가 되는 각도 θ_B를 찾아본다.

θ_B는 사용하는 레이저 광원의 파장에 따라 조금씩 달라진다.

12. Michelson 간섭계 (interferometer)의 원리

1 실험 목적

Michelson 간섭계의 원리를 학습해보고 이를 이용하여 실험에 사용한 광원의 파장을 측정해본다. 더불어 이 장치가 가지고 있는 역사적 의미를 알아본다. Michelson 간섭계는 오늘날까지 정밀측정 분야에서 자주 사용되는 장비이며 여러 가지 변형된 형태로 산업현장에서도 이용되고 있다.

2 이론

1. 개론

2015년 9월 14일, 레이저 간섭계 중력파 관측소(Laser Interferometer Gravitational-Wave Observatory; LIGO)는 두 블랙홀의 충돌과정에서 시공간이 일그러지는 중력파를 관찰하는데 성공하였다. 중력파는 1916년 아인슈타인의 일반상대성 이론을 통해 처음으로 예측되었고, 중력파 탐지에 성공한 과학자들은 2017년 노벨물리학상을 수상했다.

LIGO의 설비는 기본적으로 약 $4\,km$에 달하는 Fabry-Perot cavity를 가진, 초대형화된 Michelson 간섭계이기도 하다. LIGO는 현재 전 세계적으로 네 군데가 존재하고 여러 장소에서 추가 관측소들이 지어지고 있다. 이렇게 아직도 21세기 첨단과학의 시대에서도 고전적인 실험장치인 Michelson 간섭계는 그 유용함을 드러내고 있다.

19세기 중반을 지나가면서 전자기파에 관한 이론들이 발전하였고 결국 빛의 본질이 파동이라는 점이 확실시되었고 파동의 전달에는 매질이 필요하다는 고전적인 해석에 따라 전자기파의 전달 매질로 가정된 에테르(aether)의 존재를 확인하기 위해 1881년부터 Albert Michelson은 간섭계를 제작하여 실험하였다. 추후 Edward Morley와 함께 좀 더 정교한 형태의 간섭계를 제작하여 실험한 결과, 지구가 공전운동을 하면서 에테르를 가르고 진행할 때 그 운동방향과 수직방향간의 빛들이 만들어내는 위상차(즉, 광경로차)가 실험 오차범위 이내라는 것을 1887년에 발표하였다. 즉, 에테르 탐지실험은 실패한 것이었다. 에테르의 존재를 증명하기 위한 실험들은 간섭계를 이용하여 1930년대까지 여러 물리학자들에 의해 지속되었지만 유의미한 결과를 얻을 수 없었고 오히려 움직이는 물체의 길이 수축, 시간 팽창 등의 특수상대성이론에 의한 효과들을 설명할 수 있게 되었다. 과학사적으로 Michelson 간섭계는 특수상대성이론과 일반상대성 이론 모두와 연결되어 있는 중요한 실험적 도구였던 셈이다.

실패한 실험이라고 해서 무의미한 실험이 아니고 오히려 미지의 새로운 이론들을 증명해 내거나 실험정밀도를 높이기 위한 과정에서의 기술적 발전들이 인류의 지성과 생활에 어떠한 영향을 끼칠 수 있는가를 보여주는 사례이기도 하다.

(사진 출처 - Wikipedia)

그림 12-1 | Albert Michelson (1852 - 1931).

Michelson은 간섭계 실험을 진행하는 과정에서 그가 이루어놓은 정밀도 높은 광학적 측정기술들의 개발에 대한 공로를 인정받아 1907년 노벨 물리학상을 수상하였다.

당시 노벨상위원회가 발표한 수상사유는 다음과 같다. 'For his optical precision instruments and the spectroscopic and metrological investigations carried out with their aid'.

2. 간섭계

빛의 간섭과 간섭과정에서의 빛의 광 경로 차이에 의한 간섭무늬를 이용하는 광학적 기기를 간섭계라고 한다. 이러한 파동으로서의 간섭현상은 빛뿐만 아니라 소리, 진동 등에 응용되기도 한다.

두 개의 coherent한 빛의 간섭을 만들어내기 위해서는 하나의 빛을 다양한 경로로 진행시키기 위해 쪼갠 후 다시 만나게 하여 간섭무늬를 만들어내게 된다. Michelson 간섭계에서는 beam splitter라는 광학부품을 이용하여 하나의 빛을 쪼개게 되는데, beam splitter는 금속 또는 유전물질로 이루어진 반투명 박막을 가지고 있는 유리판이다.

Michelson 간섭계의 구조는 그림 12-2에 나타나있다.

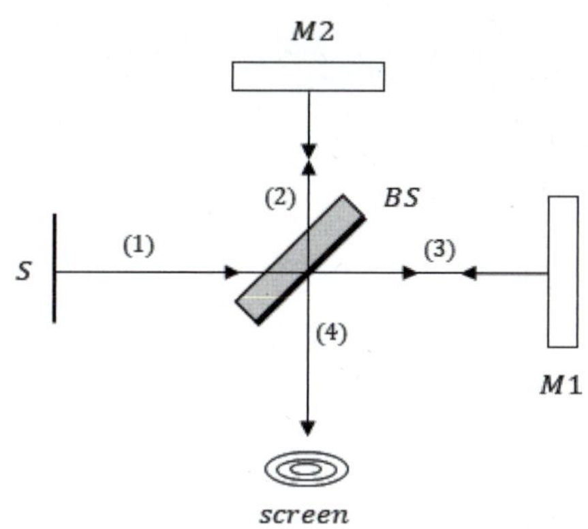

그림 12-2 | Michelson 간섭계의 기본구조.

이 그림에서 (1)은 광원으로부터 나온 빛, (2)는 beam splitter에서 반사되어 거울 $M2$로 진행한 빛과 $M2$에서 반사되어 나온 빛, (3)은 beam splitter를 통과해서 거울 $M1$으로 진행한 빛과 $M1$에서 반사되어 나온 빛, (4)는 수직으로 갈라졌던 두 빛이 합쳐져 스크린으로 향하는 빛이다. 참고로 그림에서 beam splitter에서의 굴절효과는 무시하였다. 자세히 보면 (2)번 빛의 경우 beam splitter를 두 번 지나갔기 때문에 (3)번 빛과 그만큼 광 경로 상의 차이가 발생한다. 이것을 보완하기 위해 (3)번 빛의 경로 상에 beam splitter와 동일한 두께와 물질로 만들어진 유리판(compensator)을 하나 삽입하기도 한다. 그러나 빛의 파장을 구하는 본 실험에서는 필요하지 않다(왜 필요하지 않은지 생각해보기 바란다).

두 개의 갈라진 빛의 경로는 완전한 수직이 되어야하기 때문에 거울 2개 중 하나에는 거울의 방향을 조절하는 나사가 달려있고 또 다른 거울에는 광 경로 차이를 발생시켜 간섭무늬들(링 모양으로 형성됨)을 방사상 방향으로 이동시키기 위해 미세한 거리조절이 가능한 마이크로미터가 달려있다. 수직 광 경로가 잘 이루어진 상태에서 스크린에 나타나는 간섭무늬를 보면 원형 고리 모양의 fringe 간섭무늬가 맺힌다. (그림 12-3)

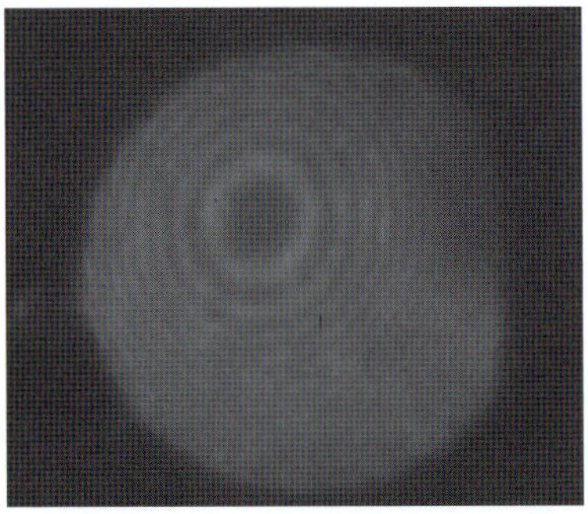

그림 12-3 | Michelson 간섭계에서의 fringe 패턴 무늬.

이러한 원형 고리모양의 간섭무늬가 어떻게 생성되는가를 알아보자. 광원인 레이저로부터 나오는 빛은 가느다란 빔 형태이다. 레이저 광원 바로 앞에 조그만 볼록렌즈를 놓게 되면 레이저 빔은 볼록렌즈의 초점을 지난 후 구면파 형태로 퍼져 나간다. 이렇게 퍼져나간 구면파 성분 중 같은 평면에 놓여 있는 두 개의 빛이 그림 12-2와 같은 광 경로를 거친 후에 스크린에서 만나게 되는 진행경로를 단순하게 도식화해보면 그림 12-4와 같다. 여기서 beam splitter를 지날 때 발생하는 광 경로 차이는 단파장 광원을 사용할 경우 상수이기 때문에 fringe 무늬를 이동시킬 때, 즉 광 경로 차이의 변화량을 구할 때 수식에서 사라지게 때문에 무시하였다. 뒤에 나오는 계산 부분을 참고하기 바란다.

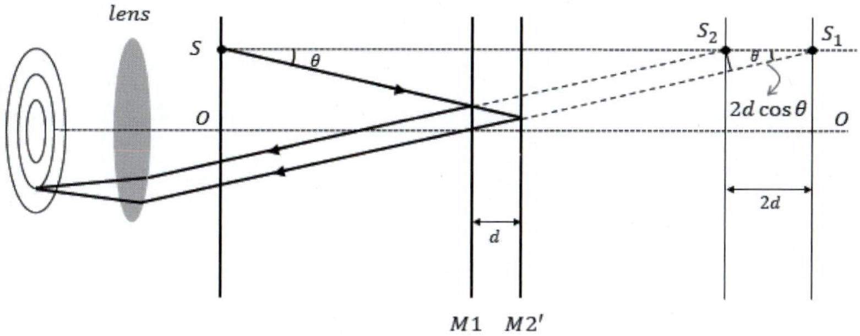

그림 12-4 | Michelson 간섭계에 대한 동등한 광 경로 그림.

다시 그림으로 돌아가면, 광원 S로부터 나온 빛은 두 개의 거울에 반사된 후 모여서 간섭을 일으킨다. 빛의 방향이 조금 삐딱한 이유는 광원 S에서 나온 빛이 구면파로서 여러 방향으로 퍼져 진행하는데 그 중 한 방향의 빛의 성분에 대해서 표현한 것이기 때문이다. 두 거울에서 반사된 빛들은 마치 거울 뒤편의 가상의 광원 S_1과 S_2로부터 같은 위상을 가지고 출발한 빛들로 생각할 수 있다. (실제로는 S에서 출발한 동일한 빛이기 때문이다.) 따라서 관찰자, 또는 스크린에 도달하는 두 빛의 광 경로 차이는 다음과 같다.

$$\Delta L = 2d\cos\theta \tag{12-1}$$

이 경로차가 빛의 파장의 정수배이면 상쇄간섭무늬가 발생한다.

$$\Delta L = 2d\cos\theta = m\lambda, \quad (m = 0, 1, 2, \dots) \tag{12-2}$$

상쇄간섭이 되는 이유는 그림 12-2의 (2)번 빛은 (3)번 빛에 비해 beam splitter를 한 번 더 통과하게 되는데, 이 과정에서 위상차 π, 즉 이것에 의한 반 파장만큼의 광 경로 차이가 도입되기 때문에 12-2식은 상쇄간섭이 된다.

경로차는 θ가 최소인 0일 때 ($\cos\theta$가 최대인 1일 때) 최대가 되므로 $\Delta L_{\max} = 2d = m_{\max}\lambda$에서 $m_{\max} = \dfrac{2d}{\lambda}$이다. 즉, 동심원형 간섭무늬의 중심이 $m_{\max}$에 해당하는 위치이다. 중심 바로 다음의 원형 간섭무늬는 θ가 0보다 약간 커진 경우이므로 $m_{\max}$-1인

경우에 해당한다. m_{max}는 상당히 큰 값이지만 간섭무늬에 대한 m값은 중심으로부터 바깥쪽으로 갈수록 작아진다는 것을 알 수 있다.

이제 두 거울 중 하나에 달려있는 마이크로미터를 이용하여 거울의 위치를 Δd 만큼 변화시키면 식 12-2에서 양 변의 변화량이 $2\Delta d\cos\theta = \lambda\Delta m$ 이므로 중심점 부근 ($\theta \simeq 0 \rightarrow \cos\theta \simeq 1$)의 어느 특정한 점을 기준으로 보면

$$\Delta m = \frac{2\Delta d}{\lambda} \tag{12-3}$$

인데, 이것은 거울이 Δd 만큼 움직일 때 Δm개 만 큼의 간섭무늬가 그 점을 통과해 지나간다는 것을 의미한다. 이 식을 이용하여 실험적으로 빛의 파장 λ를 구하거나 변위를 만들어내는 마이크로미터의 정밀도를 확인할 수 있다.

그림 12-4의 평면상에서 광원 S로부터 여러 각도로 진행한 빛들의 간섭무늬를 모아보면 식 12-2에 의해 스크린에서 밝고 어두운 무늬가 연속적으로 나타나는 전형적인 1차원적인 간섭패턴을 상상할 수 있다. 실제로는 우리가 스크린에서 동심원형태의 fringe 간섭무늬를 관찰하게 되는데 그 이유는, 광원 앞의 볼록렌즈를 지난 레이저 빔은 구면파 형태로 퍼져 나가기 때문에 이제 여러 평면에 대한 빛들의 간섭무늬를 모아보면, 즉 그림 12-4에서의 광축 O를 중심으로 그림 평면을 회전시켜보면 1차원 스크린 선상에서의 간섭무늬가 한 바퀴 회전하는 것이므로 그림 12-3과 같은 동심원 모양의 fringe 간섭무늬가 생기는 것이다.

실험과정에서 거울이 움직임에 따라 동심원형 fringe 간섭무늬가 밖으로 퍼져나가거나 중심 쪽으로 이동하는 것을 관찰하게 되는데, 12-2식을 기반으로 거울의 움직임과 간섭무늬의 변화방향의 상관관계를 살펴보기 바란다.

3 실험 장비

1. Michelson 간섭계 실험세트

   광원용 렌즈, 거울 $M1$, 거울 $M2$, beam splitter, 스크린용 렌즈로 구성되어 있다. 마이크로미터는 내부의 지렛대 구조를 이용하여 거울 $M1$을 움직인다.

2. 레이저 광원

   파장 $630 \sim 680\,nm$ 짜리 다이오드 레이저를 사용한다.

3. 스크린

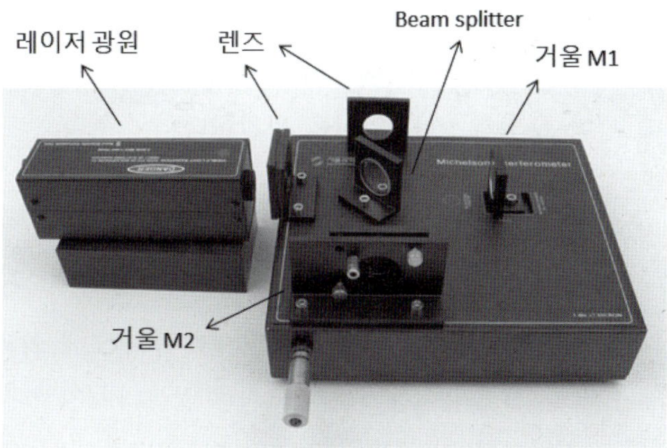

그림 12-5 | Michelson 간섭계 실험 장비.

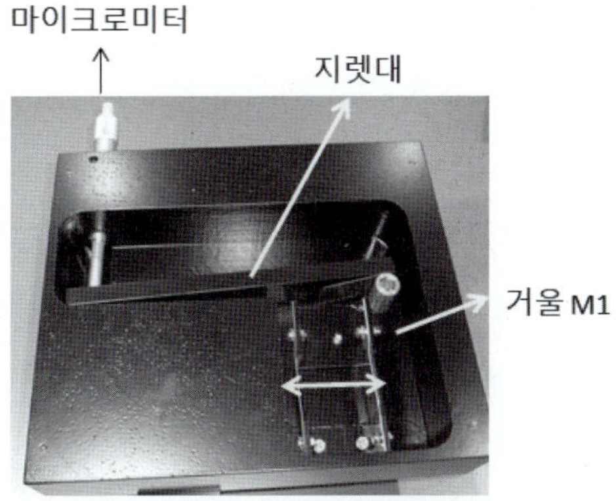

그림 12-6 | 거울 $M1$ 이동용 내부 지렛대 구조.

4 실험 과정

간섭계 설정

1. 그림 12-5의 간섭계를 준비하고 광원용 렌즈와 스크린용 렌즈를 장착한다. 광축의 정렬을 확인할 때는 광원용 렌즈를 제거하고 스크린을 주시하면서 거울 $M2$의 뒷면에 위치한 두 개의 나사를 조정하여 레이저 빔을 스크린의 중앙에 정렬한다.
2. 레이저 빔이 정렬되면 광원용 렌즈를 다시 장착한다. 정상적이면 그림 12-3과 같은 동심원형 링 패턴의 간섭무늬가 스크린에 나타날 것이다. 추가적으로 거울 $M2$의 나사를 미세 조정하여 완전한 원형패턴을 만든다.
3. 마이크로미터를 돌리면 거울 $M1$이 beam splitter 쪽으로 가까워지거나 멀어질 것이다. 이 때 원형 무늬의 변화 양상을 관찰한다.

마이크로미터 지레비 측정

1. 그림 12-6의 내부 모습으로부터 알 수 있듯이 지렛대 구조에 의해 마이크로미터의 이동거리 자체가 거울 $M1$의 이동거리가 되지는 않는다. (지렛대 구조를 이용하여 마이크로미터의 움직임보다 더 정밀한 거울의 이동거리를 만들어낸다.) 따라서 실제로 거울 $M1$의 이동거리를 구하고 마이크로미터의 이동거리와 비교하여 지레비를 구한다. 지레비는 다음과 같이 정의한다.

$$\text{지레비} = \text{마이크로미터 이동거리} : \text{거울 } M1\text{의 실제 이동거리} \qquad (12\text{-}4)$$

2. 스크린 상의 특정한 지점을 지나간 간섭무늬의 개수에 대해 마이크로미터의 이동거리를 측정한다. 간섭무늬 개수와 12-2식을 이용하여 실제로 거울 $M1$이 움직인 거리를 계산한다. 이 값과 마이크로미터의 눈금에 의한 이동거리를 비교하여 지레비를 계산한다.

레이저 광원의 파장 측정

1. 레이저 광원의 파장은 알고 있지만 모르는 값으로 가정한다.
   스크린 상의 특정한 지점을 지나간 간섭무늬의 개수에 대해 마이크로미터의 이동거리를 측정한다. 지레비 측정실험에서 구한 지레비의 평균값을 이용하여 거울의 실제 이동거리를 구한다. 12-2식을 이용하여 레이저의 파장을 계산한다.

마이크로미터 지레비 측정

레이저 파장 λ : $633\,nm$

간섭무늬 변화 개수 n	마이크로미터 이동 거리 (mm)	거울 이동거리 $d\,(mm)$	지레비
5			1 :
10			1 :
15			1 :
평 균			

레이저 광원의 파장 측정

간섭무늬 변화 개수 n	마이크로미터 이동 거리 (mm)	거울 이동거리 $d\,(mm)$	레이저파장 (nm)
5			
10			
15			
평 균			

부록 1. IC-PBL (Industry-Coupled Problem-Based Learning)

참고

부록 1은 한양대학교 ERICA IC-PBL센터에서 제작하여 출간한 e-book ‘IC-PBL 수업안내서’(2020)의 IC-PBL 수강생 소확팁(학습자용) 편에서 인용한 것이다. 학습자입장에서 PBL 수업의 취지와 표준운영방식에 대한 이해에 도움이 될 수 있는 내용들이다.

이어지는 여러 가지 양식들은 PBL 수업운영을 위해 ERICA IC-PBL 센터에서 개발하여 제공하는 표준 양식지들이다. 각 수업의 단계에 맞게 적합한 양식들을 교수자 또는 학생들이 준비하여 작성하고, 내용 역시 개별수업의 특성에 맞게 변형하여 사용함으로써 교수자가 최적화된 수업운영을 도모할 수 있다.

1. IC-PBL 수업은 무엇인가요?

IC-PBL이란?

우리학교 IC-PBL의 기본개념은 PBL에서 시작되었습니다.

PBL이란 실제적 문제와 관련된 지식을 조직하는 교육전략(Novak, 1996)으로 실제적 맥락의 문제를 해결해 나가면서 지식을 내재화할 수 있는 학습자 중심의 교수-학습방법입니다.(Barrows & Mayers, 1993)

IC-PBL수업은 실생활에서 일어나는 복합적인 문제를 해결하는 과정을 통해 문제와 관련된 지식을 습득하는 것과 더불어, 비판적사고, 창의적사고, 의사소통능력, 협업능력을 향상하는 교수학습방법입니다. IC-PBL수업은 무엇을 아느냐를 넘어 실제로 무엇을 할 수 있느냐에 초점을 맞추고 있습니다. 학생들은 주도적으로 동료 학습자와 함께 협업하여 문제를 해결하며 통합적 지식을 획득하고 문제해결능력을 기르게 됩니다.

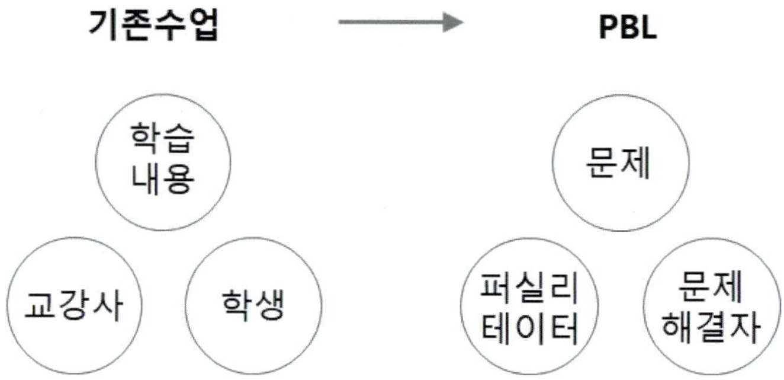

기존 강의와 비교를 통해 PBL의 특징을 더 명확하게 확인할 수 있습니다.

	SBL (Subject Based Learning)	PBL (Problem Based Learning)
교과과정	• 교과목 중심, 단일교과	• 학문적 통합, 개념중심, 통합교과
내용	• 주제/인지적 학습목표 중심	• 비 구조화된 실제 문제 해결
목적	• 분절된 지식과 기술습득	• 사회적태도, 협동능력, 문제 해결능력, 능동성, 리더십, 실무대처능력, 사고력 증진 • 교과과목의 지식과 기술습득과 더불어 학습과정을 통한 사회적 정서적 태도 함양을 목적으로 함
주체(중심)	• 교수자	• 학습자, 팀
교수자 역할	• 주도적 강의 전달자	• co-Learner/ Facilitator /Tutor
학습 방법	• 대집단, 강의 → 개별학습	• 소그룹, 토론, 동료학습 → 협동학습
평가	• 결과중시/규준평가(상대평가) • 주제[, 학습내용 중심	• 학습의 과정 중시/ 준거(목표지향)평가(절대평가) • 평가의 단계와 평가 대상이 다양 • 수행능력 및 역량

기대효과

PBL 수업에 참여함으로서 학습자들은 다음과 같은 역량을 기를 수 있게 됩니다.

- 통합된 지식의 획득
- 추론과 문제해결 능력 개발
- 자기주도 학습 능력
- 협력학습, 토론을 통한 사회적 기술 (커뮤니케이션능력, 의사결정 능력, 협상능력, 공감능력 등)

PBL 정말 효과가 있나요?

전통적 강의와 PBL을 비교한 연구 결과에 따르면 PBL을 경험한 학습자들이 일반 강의 학습자보다 분석적이며 시간의 경과에 따라 학습내용의 인과관계에 대한 설명의 일관성, 종합성, 정확성 측면에서 더 긍정적인 효과를 보인다고 합니다.

특히 ERICA IC-PBL은현장문제해결 과정을 중심으로 하기 때문에 단순히 아는 것을 넘어 실제 할 수 있는 것 까지가 가능하다는 점이 일반 수업과 차별화된 가장 큰 장점이라고 볼 수 있습니다.

하지만 모든 교과목이 PBL을 적용한다고 해서 수업이 모두 성공하는 것은 아닙니다. 수업이 잘못 설계되었을 경우 오히려 잘못된 학습방법으로 인해 학습자에게 오개념을 줄 수도 있고 시간을 낭비하게 될 수 있습니다. 교과목 특성상 많은 양의 지식을 암기해야 한다거나 반복적인 풀이와 연습을 통해 익혀지게 되는 경우 강의법이 더 효과적일 수도 있습니다.

그러므로 교과목 특성과 수업 목표에 따라 그에 맞는 효과적인 교수학습 방법이 다릅니다.

IC-PBL 학습자 역할

IC-PBL은 학습자 중심의 수업방식입니다. 기존 강의전달식 수업에서 학생들은 교수님의 설명을 통해 교과지식을 받아들이고 익혔다면, IC-PBL 수업에서는 주어진 문제를 학생 스스로 해결하는 과정을 통해 교과 지식을 배우게 됩니다. 학습의 주인은 바로 우리, 학습자입니다. 학습에 대한 주도권과 능동적 참여는 더 높은 학습 성과를 이끌어냅니다.

1. 학습 목표를 세운다.

기존 강의식 수업에서는 교수님이 학습목표를 세우고 학생들은 이를 따라가는 방식이었습니다. 하지만 PBL수업에서는 주어진 문제를 해결하기 위해 무엇을 알아야하고 학습해야하는지 학습자 스스로 판단하고 결정해야 합니다.

2. 문제해결의 주체가 된다.

   우리는 경험을 통해 학습했을 때 더 잘 기억에 남는다는 것을 알고 있습니다. 이라한 원리를 통해 우리는 IC-PBL 수업의 효과를 볼 수 있습니다. IC-PBL 수업에서 우리는 문제해결자로서의 역할을 하며 직접 문제해결을 하고 수업에 참여함으로써 보다 깊이 있는 지식을 습득할 수 있습니다.

3. 팀원들과 소통하며 협력한다.

   IC-PBL 수업에서 우리가 해결해야하는 문제는 혼자서도 해결할 수 있을 만큼 단순한 문제가 아닙니다. 나의 동료들과 함께 머리를 맞대어 고민하고 조사하고 아이디어를 발전시켜나가야 합니다. 좋은 협력자가 되는 것은 우리가 사회에 나가서도 반드시 필요한 역량입니다.

2. IC-PBL 학습은 어떻게 이루어지나요?

IC-PBL 수업은 우리가 해결해야 할 문제가 주어지고 이를 해결하는 과정을 통해 학습이 이루어집니다. IC-PBL의 학습단계는 다음과 같습니다.

1. 팀 구성

   먼저 팀을 구성합니다. 팀은 보통 4명~6명으로 구성합니다. 팀은 교수님이 먼저 지정해주거나 임의로 정할 수도 있지만, 학생들이 스스로 팀을 구성하기도 합니다. 팀ㄴ을 구성하고 나서 가장 중요한 것은 팀원의 역할 설정입니다. 역할이 명확하게 정해지지 않으면 프리라이더나 이지라이더가 발생하게 될 수도 있습니다. 따라서 팀을 구성한 후에는 서로의 공통된 목표와 각 팀원의 역할, 문제해결을 위한 규칙 등을 정하고 상호동의 해야 합니다.

2. 문제 확인 및 분석

   팀이 구성되면 우리가 해결해야할 문제가 무엇인지 확인하며 본격적으로 학습이 시작됩니다. 기존 강의식 수업과 가장 큰 차이점이 바로 이 부분입니다. 강의식 수업에서는 학습해야 할 내용이 무엇인지 교수님이 설명하고 학생들은 학습 내용을 받아들이며 학습이 이루어집니다. 하지만 IC-PBL 수업은 우리 삶에서 일어나는 문제를 학생들이 스스로 해결하는 과정을 통해 우리에게 필요한 학습 내용이 무엇인지 판단하고 자기주도적으로 학습하는 방식으로 수업이 이루어집니다.

3. 아이디어 생성

   문제가 무엇인지 파악한 후에는, 문제를 해결하기 위해 무엇을 해야 할지 아이디에이션을 합니다. 이때 화이트보드를 활용하거나 온라인 문서 공유 도구 등을 활용하면 팀원들 간의 생각을 구조화하고 정리하는데 도움이 됩니다. 또한 풍부하고 다양한 아이디어를 생각해내기 위해 브레인스토밍 기법이나 컨셉맵을 활용할 수도 있습니다.

4. 자기주도학습

   문제를 확인하고 다양한 아이디어와 관련한 논의를 거치고 나면 우리가 앞으로 문제를 해결하기 위해 무엇을 학습하고 연구할 것인지, 어떤 방식으로 찾아보고 탐색할 것인지 등에 대한 학습과제(learning issue)를 정리합니다. 그 후 팀원들은 각자 자기주도학습을 통해 학습과제와 관련한 내용을 깊이 있게 탐구하고 문제해결에 접근해나갑니다.

5. 문제해결안 도출

   협력학습과 자기주도학습을 통해 문제해결을 위한 아이디어를 생성하고 필요한 내용에 대해 학습하고 나면, 최종적 문제해결안을 도출하고 종합합니다. 문제해결안은 아이디어일 수도 있고 제품 프로토타입, 보고서 등 다양한 형태로 도출될 수 있습니다.

6. 문제해결안 발표

   최종 문제해결안을 수업 내 다른 팀에게 발표합니다. 서로 질문과 토론을 통해 문제해결 과정과 결과ㅣ에 대해 논의하고 발전시켜 나갑니다. 같은 문제에 대해 다른 방식으로 접근하고 해결안을 도출한 것을 보면서 팀 간에 서로 배워야 할 점과 보완해야할 점에 대해 생각해봅니다.

7. 평가, 피드백, 성찰

   문제해결이 모두 끝나고 나면 평가와 피드백, 그리고 성찰을 합니다. IC-PBL 평가는 다면적으로 이루어집니다. 교수가 학생을 평가할 뿐만 아니라 함께 동료 간에도 평가가 이루어집니다. 만약 가능하다면 현장전문가가 평가 및 피드백에 참여하기도 합니다. 스스로의 문제해결 과정에 대해 돌이켜 생각해보고 반성하는 성찰을 마지막으로 IC-PBL 학습이 마무리 됩니다. IC-PBL의 문제해결과정은 순환적입니다. 문제와 관련되ㄴ 사실을 확인하고, 해결을 위한 아이디어를 생성하고, 자기주도학습을 통해 보다 문제를 심층적으로 탐구하고, 조사한 내용을 팀원들과 함께 공유 및 통합하고 이 과정을 통해 또 다시 새로 알게 된 사실을 확인하고, 보다 나은 아이디어를 찾고, 자기주도학습을 거치며 다시 문제해결안을 통합하는 과정이 반복적이고 순환적으로 일어납니다.

PBL 문제의 타당성 분석 설문지

ERICA IC-PBL
HANYANG UNIVERSITY

PBL 문제를 선정하고 개발하는 것은 PBL 학습의 가장 중요한 핵심 부분입니다. 본 질문지는 PBL 문제를 개발하고 검토할 때 필요한 항목들입니다. 자가 질문을 통해 개발된 PBL 문제의 타당성을 검토해 볼 수 있습니다. 제시된 질문에 "예"로 답할 수 있다면 좋은 PBL 문제라고 볼 수 있습니다.

번호	항목	예	아니오	비고
1	문제로부터 학습이 시작되는가?			
2	학습에 필요한 지식과 과학을 응용할 수 있는 포괄적 문제인가?			
3	문제에 지식이 사용되는 맥락이나 상황이 제시되어 있는가?			
4	학생인 학습자의 역할이 제시되어 있는가?			
5	학습자 중심의 학습 활동을 유도하고 흥미를 유발하는가?			
6	문제 해결에 필요한 정보가 일부만 포함되어 있는가?			
7	문제해결을 위해 문제분석, 정보탐색, 계획하는 과정이 필요한가?			
8	문제에 대한 다양한 해결책이 존재하는가(Open ended problem인가)?			
9	문제해결을 위한 접근 방법이 다양한가?			
10	논쟁이나 토론의 여지가 있는가?			
11	일상생활에서 발견할 수 있는 실제적 사례, 문제인가?			
12	현실적인 사물이나 자료를 사용하는가?			
13	일상적이고 자연스러운 사고 과정을 반영하는가?			
14	문제해결에 활용되는 사물이나 자료 또는 정보가 다양한가?			
15	문제해결에 요구되는 사고 과정이 그 분야의 전문가나 엔지니어에 의해 사용되는 것인가?			
16	학습자인 학생의 수준을 고려하였는가? 또 이는 적절한가?			
17	학습자 학생의 경험과 관련이 있는 문제인가?			
18	우리가 살고 있는 현실과 같이 복잡한 문제인가?			
19	둘 이상의 문제해결 단계가 필요한가?			

소그룹 구성 조사표

<table>
<tr><td colspan="3">이름 :</td><td colspan="5">연락처 :</td></tr>
<tr><td colspan="2">학과 :</td><td>학년 :</td><td colspan="4">나이 :</td><td>성별 :</td></tr>
<tr><td colspan="3">지난학기 성적(평점) :</td><td colspan="5">자료검색능력 : 상(　) 중(　) 하(　)</td></tr>
<tr><th colspan="3">질문</th><th>전혀 그렇지 않다</th><th>그렇지 않다</th><th>보통이다</th><th>그렇다</th><th>매우 그렇다</th></tr>
<tr><td>1</td><td colspan="2">나는 주어진 역할을 충실히 수행한다.</td><td></td><td></td><td></td><td></td><td></td></tr>
<tr><td>2</td><td colspan="2">나는 과제를 위한 모임에 적극적으로 참여하는 편이다.</td><td></td><td></td><td></td><td></td><td></td></tr>
<tr><td>3</td><td colspan="2">나는 다른 사람을 잘 배려해준다.</td><td></td><td></td><td></td><td></td><td></td></tr>
<tr><td>4</td><td colspan="2">나는 내 의견을 적극적으로 표현한다.</td><td></td><td></td><td></td><td></td><td></td></tr>
<tr><td>5</td><td colspan="2">나는 소집단의 분위기를 즐겁게 할 수 있다.</td><td></td><td></td><td></td><td></td><td></td></tr>
<tr><td>6</td><td colspan="2">나는 소집단 활동 시, 회의를 잘 진행할 수 있다.</td><td></td><td></td><td></td><td></td><td></td></tr>
<tr><th colspan="3">자기소개</th><th colspan="5">이 수업을 통해 기대하는 점</th></tr>
<tr><td colspan="3"></td><td colspan="5"></td></tr>
</table>

조 구성

ERICA IC-PBL
HANYANG UNIVERSITY

<table>
<tr><td>조 이름</td><td colspan="4"></td></tr>
<tr><td>조 소개</td><td colspan="4"></td></tr>
<tr><td>조 규칙</td><td colspan="4">●
●
●
●
●</td></tr>
<tr><td>조 문제해결 전략</td><td colspan="4">●
●
●
●
●</td></tr>
<tr><td rowspan="7">조원</td><td>임무</td><td>이름</td><td>연락처
(HP, E-mail)</td><td>주요 업무</td></tr>
<tr><td></td><td></td><td></td><td></td></tr>
<tr><td></td><td></td><td></td><td></td></tr>
<tr><td></td><td></td><td></td><td></td></tr>
<tr><td></td><td></td><td></td><td></td></tr>
<tr><td></td><td></td><td></td><td></td></tr>
<tr><td></td><td></td><td></td><td></td></tr>
</table>

※ 조 운영을 위한 규칙 예시

- 조 활동을 위해 매주 수요일 오후 7~8시 사이에 정기적으로 회의를 한다.
- 특별한 사유 없이 2회 이상 회의에 불참하는 경우, 조별 상호평가 시에 불이익을 준다.
- 주요 사항의 결정은 조 구성원 2/3 이상이 찬성해야 한다.
- 팀 구성원의 역할은 3주 단위(또는 과제 단위)로 변경한다.
- 기타 조 운영 규칙에 명시되지 않은 사항은 조 회의를 통하여 결정한다.

과제 수행 계획서 (문제 분석지)

ERICA IC-PBL
HANYANG UNIVERSITY

모듈명			
조 이름		날짜	
조원			

학습 목표	

가설/해결안 (Ideas)	알고 있는 사실 (Facts)	더 알아야 할 사항 (Learning Issues)	앞으로의 계획 (Action Plan)

자기평가지

ERICA IC-PBL HANYANG UNIVERSITY

과제명		학번	
조 이름		이름	

	평가 요소	상	중상	중하	하
1	문제해결 활동에 적극적으로 참여하였습니까?				
2	문제해결 활동에 도움이 되는 발언이나 태도를 보였습니까?				
3	다른 사람의 발언을 적극적으로 경청하였습니까?				
4	문제를 다각적으로 분석하였습니까?				
5	해결안/아이디어를 논리적으로 도출하였습니까?				
6	비판적이고 창의적인 의견을 제시하였습니까?				
7	학습 결과물을 충실하게 제시하였습니까?				
8	다양한 정보를 수집하고 활용하고자 하였습니까?				
9	자기주도적으로 학습을 수행하였습니까?				
10	(선택) 온라인 상에서 적극적으로 상호작용하였습니까?				

내가 준 내 점수(5점 만점)	
내 점수를 주게 된 근거 (구체적 사실과 논거 제시)	

동료평가지

ERICA IC-PBL
HANYANG UNIVERSITY

과제명		학번	
조 이름		이름	

	평가 요소	조원 이름
1	문제해결 활동에 적극적으로 참여한 사람은 누구입니까?	
2	문제해결 활동에 도움이 되는 발언이나 태도를 보인 사람은 누구입니까?	
3	다른 사람의 발언을 적극적으로 경청한 사람은 누구입니까?	
4	문제를 다각적으로 분석했던 사람은 누구입니까?	
5	해결안/아이디어를 논리적으로 도출한 사람은 누구입니까?	
6	비판적이고 창의적인 의견을 제시한 사람은 누구입니까?	
7	학습 결과물을 충실하게 낸 사람은 누구입니까?	
8	다양한 정보를 수집하고 활용하고자 했던 사람은 누구입니까?	
9	자기주도적으로 학습을 수행했던 사람은 누구입니까?	
10	(선택) 온라인 상에서 적극적으로 상호작용한 사람은 누구입니까?	

조원 점수 주기(자기 포함, 5점 만점)				
이름				
점수				
조원 점수를 주게 된 근거 (구체적 사실과 논거 제시)				

발표 동료평가지 (1)

발표조 및 발표자 명		학번	
과제명 (일시)		평가자	

평가 요소		점수				
		5	4	3	2	1
1	주제가 분명하게 제시됨					
2	주제와 관련된 사실과 데이터들이 충분히 조사되었음					
3	발표자는 관련 문제에 대한 내용을 충분히 이해하고 있음					
4	발표가 청중들에게 새롭고 유용한 정보를 제시하였음					
5	발표의 내용이 흥미롭고 의미 있는 정보가 제시되었음					

발표 동료평가지 (2)

발표조 및 발표자 명		학번	
과제명 (일시)		평가자	

※ 각 요소별 5단계 점수 부여

평가 요소		학생 명			
1	[준비성] 다양한 자료 수집과 질적으로 좋은 정보 제공				
2	[책임감] 맡은 역할을 충실히 수행				
3	[참여도] 토론이나 과제 해결을 위해 적극적으로 참여				
4	[협동적 자세] 다른 사람들과 협력하고 리더십을 보임				
5	[의사소통] 조원들의 의견을 경청하고 자신의 의견을 적절히 표현함				
6	[전문성] 정보의 다각적 분석과 토론에 적극 참여하며 환류 수용				
7	[반성적 태도] 타인을 비난하지 않고 자신의 능력 및 한계를 인정함				
8	[비판적 사고] 가설 생성 및 지식 적용, 논리적 추론 등 비판적 사고력				

조별 평가지

과제명		학번	
조 이름		이름	

	평가 요소	조 이름
1	문제와 관련된 정보를 가장 많이 제시한 조는 어느 조인가?	
2	다양한 학습 자료를 수집, 분석하여 합리적인 근거와 이유를 들어 의견을 제시하고 학습 결과를 이해하기 쉽게 보고한 조는 어느 조인가?	
3	흥미를 가지고 학습에 가장 적극적으로 참여한 조는 어느 조인가?	
4	조원 간 의견을 존중하고 서로 도우며 학습을 이끈 조는 어느 조인가?	
5	다른 조에게 방해가 되지 않게 열심히 학습에 임한 조는 어느 조인가?	

조별 점수 주기(자기 조 포함, 5점 만점)					
조 이름					
점수					
조별 점수를 주게 된 근거 (구체적 사실과 논거 제시)					

교수자 자기평가지

ERICA IC-PBL HANYANG UNIVERSITY

평가 요소		점수				
		5	4	3	2	1
1	학습자들이 수업에 흥미를 가질 수 있도록 동기 유발을 위하여 노력하였다.					
2	학습자들이 아무 것도 모른다는 것을 받아들일 수 있는 분위기를 조성하였다.					
3	학습자들이 주어진 문제에 대하여 논리적으로 사고하도록 유도하였다.					
4	학습자들이 각각의 논쟁점 간의 관계를 인식하도록 노력하였다.					
5	학습자들이 관련 개념과 용어에 익숙해지도록 노력하였다.					
6	학습자들이 교수자에게 의존하지 않도록 학습자 스스로 답을 찾을 수 있도록 유도하였다.					
7	학습자들이 의사 표현을 보다 정확하고 세련되게 할 수 있도록 유도하였다.					
8	집단 활동 과정에서 각 학습자의 태도와 분위기를 주의 깊게 관찰하였다.					
9	집단 내에 문제가 발생하였을 경우 학습자 스스로 해결할 수 있도록 유도하였다.					
10	모든 학습자가 집단 활동에 열심히 참여하도록 도와주었다.					

팀 활동 보고서

ERICA IC-PBL HANYANG UNIVERSITY

<table>
<tr><td rowspan="3">미팅 개요</td><td>일시</td><td></td><td>문제해결과정</td><td></td></tr>
<tr><td>참석자</td><td colspan="3"></td></tr>
<tr><td>본 미팅의 주요활동</td><td colspan="3"></td></tr>
<tr><td rowspan="3">진행 사항</td><td>구분</td><td colspan="2">활동 내용</td><td>조치 사항</td></tr>
<tr><td>이번 미팅에서 한 일</td><td colspan="2"></td><td></td></tr>
<tr><td>논의 사항</td><td colspan="3"></td></tr>
<tr><td rowspan="3">추후 계획</td><td>구분</td><td>활동 내용</td><td>역할 분담</td><td>추진 일정</td></tr>
<tr><td>다음 미팅에서 해야 할 일</td><td></td><td></td><td></td></tr>
<tr><td>기타</td><td colspan="3"></td></tr>
<tr><td>피드백</td><td>교수님의 피드백 사항</td><td colspan="3"></td></tr>
</table>

PBL 성찰일지

ERICA IC-PBL
HANYANG UNIVERSITY

학번		이름	

1. 이번 학습을 통해 무엇을 배웠나요?

2. 수업에서 어려웠던 활동은 무엇이었나요?

3. 앞으로 내가 더 알고 싶은 내용은 무엇인가요?

4. 학습한 내용을 적용할 수 있는 것은 무엇인가요?

5. 이 수업에서 나의 부족한 부분은 무엇인가요?

6. 이 수업의 학습과정을 통해 무엇을 느꼈나요?

7. 기타 느낀 점을 자유롭게 기술하세요.

[최종 문제 해결안 평가] 항목 별로 점수를 기입하세요.
※ 교수자, 학습자 모두 활용 가능
※ 1 : 매우 부족함 / 2 : 부족함 / 3 : 보통 / 4 : 우수함 / 5 : 매우 우수함

<table>
<tr><th colspan="2" rowspan="2">내용</th><th colspan="2">평가 대상 팀 이름</th><th colspan="3"></th></tr>
<tr><th>1</th><th>2</th><th>3</th><th>4</th><th>5</th></tr>
<tr><td rowspan="6">보고서</td><td>문제에서 요구하는 사항이 무엇인지 분명히 파악하고 접근하였다.</td><td></td><td></td><td></td><td></td><td></td></tr>
<tr><td>문제에 포함된 주요 개념, 절차, 원리 등을 분명히 이해하고 있다.</td><td></td><td></td><td></td><td></td><td></td></tr>
<tr><td>문제 해결을 위해 자료가 충분히 검토되었다.</td><td></td><td></td><td></td><td></td><td></td></tr>
<tr><td>신뢰할 만한 자료를 인용 또는 참고하였다.</td><td></td><td></td><td></td><td></td><td></td></tr>
<tr><td>충분한 설명, 세부 사항, 적절한 예를 포함하고 있다.</td><td></td><td></td><td></td><td></td><td></td></tr>
<tr><td>실천 가능한 해결안을 제시하였다.</td><td></td><td></td><td></td><td></td><td></td></tr>
<tr><td rowspan="7">발표</td><td>문제에서 요구하는 최종 해결안의 형식에 맞게 작성되었다.</td><td></td><td></td><td></td><td></td><td></td></tr>
<tr><td>발표에 중요한 내용이 충분히 제시되었다.</td><td></td><td></td><td></td><td></td><td></td></tr>
<tr><td>발표 내용이 논리적으로 잘 조직되었다.</td><td></td><td></td><td></td><td></td><td></td></tr>
<tr><td>발표 자료가 매력 있게 구성되었다.</td><td></td><td></td><td></td><td></td><td></td></tr>
<tr><td>발표 내용이 청중이 이해하기 쉽게 제시되었다.</td><td></td><td></td><td></td><td></td><td></td></tr>
<tr><td>발표 내용이 다른 학습자의 학습에 도움이 되었다.</td><td></td><td></td><td></td><td></td><td></td></tr>
<tr><td>발표자가 내용을 분명하게 전달하였다.</td><td></td><td></td><td></td><td></td><td></td></tr>
<tr><td colspan="2">점수 합계</td><td></td><td></td><td></td><td></td><td></td></tr>
</table>

PBL 활동 평가 모음(선택 가능)

[팀원 평가] 항목 별로 점수를 기입하세요.
※ 학습자 활용 가능
※ 1 : 매우 부족함 / 2 : 부족함 / 3 : 보통 / 4 : 우수함 / 5 : 매우 우수함

내용	평가자 이름				
	1	2	3	4	5
팀 활동에 적극적으로 참여하였다.					
문제의 해결안을 성공적으로 개발하는 데 공헌하였다.					
다른 사람의 의견을 경청하였다.					
질문을 제기하고 다른 사람의 질문에 대답하였다.					
과제를 지속적으로 수행하였다.					
유용한 정보를 찾아 제공하였다.					
다른 구성원들과 협력하였다.					
긍정적인 의견을 제시하였다.					
리더십을 발휘하였다.					
다른 구성원을 칭찬하고 격려하였다.					
점수 합계					

PBL 활동 평가 모음(선택 가능)

ERICA IC-PBL HANYANG UNIVERSITY

[성찰일지 평가] 항목 별로 점수를 기입하세요.
※ 교수자 활용 가능
※ 1 : 매우 부족함 / 2 : 부족함 / 3 : 보통 / 4 : 우수함 / 5 : 매우 우수함

내용	평가 대상 학생 이름				
	1	2	3	4	5
문제를 통해 학습해야 할 주요 개념, 원리 및 절차에 대해 정확하게 이해하고 있다.					
주요 학습 내용과 관련하여 자신의 생각이나 느낀 점을 잘 진술하였다.					
학습 과정에서의 자신의 경험이 잘 드러나도록 진술하였다.					
학습 내용에 자신의 현재 및 미래의 일을 잘 연결 지어 진술하였다.					
팀 활동의 기여 정도는 학습자들이 서로에게 부여한 점수를 반영하였다.					
점수 합계					

부록 2. 기본 물리상수 (Fundamental physical constants)

Quantity	Symbol	Value	Unit
speed of light in vacuum	c	$299,792,458$	$m\,s^{-1}$
vacuum magnetic permeability	μ_o	$1.25663706212(19)\times 10^{-6}$	NA^{-2}
vacuum electric permittivity	ε_o	$8.8541878128(13)\times 10^{-12}$	Fm^{-1}
characteristic impedance of vacuum	Z_o	$376.730313668(57)$	Ω
Newtonian constant of gravitation	G	$6.67430(15)\times 10^{-11}$	$m^3kg^{-1}s^{-2}$
Planck constant	h	$6.62607015\times 10^{-34}$	$J\,Hz^{-1}$
	$\hbar$	$1.054571817\times 10^{-34}$	$J\,s$
elementary charge	e	$1.602176634\times 10^{-19}$	C
magnetic flux quantum $2\pi\hbar/(2e)$	Φ_o	$2.067833848\times 10^{-15}$	Wb
conductance quantum $2e^2/2\pi\hbar$	G_o	$7.748091729\times 10^{-5}$	S
inverse of conductance quantum	G_o^{-1}	12906.40372	Ω
Bohr magneton $e\hbar/2m_e$	μ_B	$9.2740100783(28)\times 10^{-24}$	$J\,T^{-1}$
electron mass	m_e	$9.1093837015(28)\times 10^{-31}$	kg
electron magnetic moment	μ_e	$-9.2847647043(28)\times 10^{-24}$	$J\,T^{-1}$
alpha particle mass	m_α	$6.6446573357(20)\times 10^{-27}$	kg
Avogadro constant	N_A	6.02214076×10^{23}	mol^{-1}
Boltzmann constant	k	1.380649×10^{-23}	$J\,K^{-1}$
atomic mass constant	m_u	$1.66053906660(50)\times 10^{-27}$	kg
standard atmosphere		101325	Pa
molar volume of ideal gas (RT/p) $T=273.15\,K,\ p=101.325\,kPa$	V_m	$22.41396954...\times 10^{-3}$	$m^3\,mol^{-1}$
Stefan-Boltzmann constant $(\pi^2/60)k^4/\hbar^3c^2$	σ	$5.670374419...\times 10^{-8}$	$Wm^{-2}K^{-4}$

(자료 출처 : 2018 CODATA adjustment)

부록 3. 국제 단위계 (International system of units : SI units)

Quantity	Unit	Symbol
Length	meter	m
Mass	kilogram	kg
Time	second	s
Temperature	kelvin	K
Current	ampere	A
Angle	radian	rad
Frequency	hertz	Hz
Force	newton	N
Pressure	pascal	Pa
Energy	joule	J
Power	watt	W
Electric charge	coulomb	C
Potential	volt	V
Conductance	siemens	S
Resistance	ohm	Ω
Capacitance	farad	F
Magnetic flux	weber	Wb
Magnetic field	tesla	T
Inductance	henry	H
Light flux	lumen	Lm
Light intensity	candela	Cd

부록 4. 그리스 문자 (Greek alphabet)

Letter	Lowercase	Uppercase
Alpha	α	A
Beta	β	B
Gamma	γ	Γ
Delta	δ	Δ
Epsilon	ε	E
Zeta	ζ	Z
Eta	η	H
Theta	θ	Θ
Iota	ι	I
Kappa	κ	K
Lambda	λ	Λ
Mu	μ	M
Nu	ν	N
Xi	ξ	Ξ
Omicron	o	O
Pi	π	Π
Rho	ρ	P
Sigma	σ	Σ
Tau	τ	T
Upsilon	υ	Y
Phi	ϕ	Φ
Chi	χ	X
Psi	ψ	Ψ
Omega	ω	Ω

부록 5. 저항 색 표기법 (Resistor color code)

color		digit	multiplier	tolerance (%)
Black	흑	0	10^0	
Brown	갈	1	10^1	
Red	적	2	10^2	
Orange	오	3	10^3	
Yellow	황	4	10^4	
Green	초	5	10^5	
Blue	청	6	10^6	
Violet	보	7	10^7	
Grey	회	8	10^8	
White	백	9	10^9	
Brown				± 1
Red				± 2
Gold				± 5
Silver				± 10
(None)				± 20

[예]

(1) 4 band 표시법

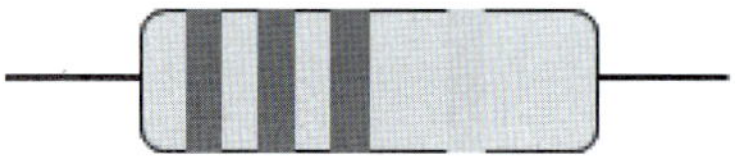

red-red-red-gold

$$22 \times 10^2 = 2.2\,k\Omega \ (\pm\ 110\,\Omega)$$

(2) 5 band 표시법

red-red-black-brown-brown

$$220 \times 10^1 = 2.2\,k\Omega \ (\pm\ 22\,\Omega)$$

Memo

정희준

—

연세대학교 물리학과 이학사

美 Purdue 대학교 물리학과 이학박사

美 Princeton 대학교 전자공학과 박사후 연구원

현 한양대학교 ERICA 응용물리학과 교수

연구분야 : 단전자 트랜지스터, 분자전자소자, 전기노이즈 특성 측정

IC-PBL을 위한

일반물리학실험

: 전기전자·광학 편

펴낸날 2021년 8월 31일 초판 1쇄

지은이 정희준 · **펴낸이** 김우승

펴낸곳 한양대학교출판부 · **출판등록** 제4-7호(1972.2.29)

주소 서울 성동구 왕십리로 222 · **전화** 02.2220.1432-4 · **팩스** 02.2220.1435

홈페이지 press.hanyang.ac.kr · **이메일** presshy@hanyang.ac.kr

표지 안광일 · **본문디자인·인쇄** 네오프린텍

값 **18,000**원

ISBN 978.89.7218.725.7 (93420)